너의 몸은
너의 것이야

MY BODY BELONGS TO ME
: A Parent's Guide

by Elizabeth Schroeder, EdD, MSW

경계존중으로 시작하는
우리 아이 성교육 부모 가이드

엘리자베스 슈뢰더 지음
신소희 옮김
초등젠더교육연구회
아웃박스 감수

My body belongs to me.

차례

들어가며

안녕하세요! 엘리자베스라고 해요.

30년 가까이 전 세계의 부모와 교사, 청소년을 만나온 성교육자이면서 저 역시 한 아이의 엄마이기도 해요. 아이와 민감한 주제에 관해 이야기 나누는 방법을 수천 명의 부모에게 안내해오긴 했지만, 그런 대화가 얼마나 어려운지 제 경험으로 잘 알고 있습니다. 그러니 외로워하거나 힘들어하지 않으셔도 돼요. 저 또한 그러했고, 전 세계의 부모들 역시 같은 어려움을 겪고 있어요. 당신만의 문제가 아니랍니다.

'경계'와 '동의'는 아이와 이야기 나누어야 할 가장 중요한 주제입니다. 아이에게 "손은 남을 때리라고 있는 게 아니야"라고 말한 적이 있나요? 이것도 명백히 경계와 관련된 메시지입니다.

경계에 관해 이야기하다 보면 생각만 해도 무섭고 두려운 문제가 떠오르기 마련입니다. 바로 성폭력입니다. 흔히 부모들은 이렇게 말합니다. "왜 아이에게 성폭력에 대해 이야기해야 하나요? 조금만 더 순진한 아이로 두면 안 될까요?" 이야기 나누기 껄끄러운 주제를 회피한다고 아이의 순수함을 지킬 수 있는 것은 아닙니다. 실제로 부모가 민감한 주제를 회피할 경우 아이가 성폭력에 마주할 확률은 더 높아집니다. 누군가로 인해 불편하다고 느낄 때 어떻게 대응해야 하는지 알지 못하기 때문입니다. 어려운 문제에 관해 일찍부터 자주 대화를 나눈다면, 아이는 아래와 같은 것들을 이해할 수 있습니다.

- **누가, 어떻게 내 몸을 만질지 결정할 권리가 나에게 있다.**
- **나에게는 다른 사람의 경계를 존중할 책임도 있다.**
- **누구든, 어떠한 경우에도, 어떤 식으로든, 나를 불편하게 한다면 언제든 양육자에게 말할 수 있다. 설사 그 사람이 내가 아는 사람이거나 가족이라고 해도 말이다.**

이 책에서 많은 부모들이 자녀의 성교육과 관련해 수십 년간 제기해온 질문과 염려를 공유하려고 합니다. 또한 당신이 아이와 성에 관해 편안하게 이야기할 수 있게 도울 예정이에요. 만약 그래도 불편하다 싶을 때는(전혀 이상한 일이 아니에요) 어떻게 이야기를 시작하면 좋을지 상세하게 대화의 예시를 들어 알려줄 것입니다. 아이가 자신의 몸을 창피해하거나 부끄럽게 느끼지 않으면서 자기만의 경계를 인식할 수 있는 방법도 알려드립니다.

책을 읽는 내내 부모 스스로 말과 행동이 하나로 들어맞아야 한다는 점을 되새기게 되실 거예요. 아이가 다른 사람의 경계를 존중하게 하려면 당신도 아이의 경계를 존중해야 하기 때문입니다. 뿐만 아니라 아이 주변의 다른 사람들도 최대한 그렇게 행동해야 하고요. 아이가 배운 중요한 사실을 깊이 명심할 수 있게 말이죠.

제가 이 책을 쓸 때는 주로 어린아이를 키우는 부모의 입장을 고려했지만 경계와 존중, 동의에 관한 대화는 아이가 사춘기를 지나 성인이 될 때까지 계속되어야 합니다. 열 살

이상의 아이를 키우는 부모도 이 책에서 유용한 정보를 얻을 수 있습니다. 책 끝에는 함께 읽으면 좋을 참고 자료와 정보를 수록했습니다.

마지막으로 한마디 덧붙일게요. 편의상 '부모'라는 용어를 주로 사용했지만 사실상 아이와 함께 살아가는 모든 성인 보호자를 염두에 두고 책을 썼습니다. 당신의 삶에 어떤 식으로든 아이가 존재한다면 이 책은 당신을 위한 책입니다.

이야기할 것이 너무나 많지요. 그러니 지금 당장 시작해 볼까요?

가이드라인

아이와 '경계'에 관해 어떻게 이야기 나누면 좋을까요?

경계와 동의를 알려주는 것이 얼마나 중요한지 앞서 살펴보았습니다. 하지만 어떻게 아이의 눈높이에 맞춰 이해시킬 수 있을까요? 아이에게 중요한 문제를 제시하고, 자연스럽게 대화로 이어가는 방법 몇 가지를 알려드릴게요.

먼저, 경계와 동의를 이해해봅시다

많은 부모가 저지르는 실수가 있어요. 상대가 어린아이라는 걸 자꾸 잊어버리는 거죠. 아이는 청소년이나 성인처럼 이해할 수 없거든요. 예를 들어 "내 경계를 존중해주렴"이라고 말하면서 아이가 알아듣길 기대하는 것은 어려워요. 경계가 무엇인지 알기 쉽게 설명해주고, 존중이라는 개념도 아이가 이해할 수 있는 사례를 조목조목 들어서 말해줘야 해요. 유치원이나 학교에서 '동의'라는 말을 들었다고 해서 그 의미를 확실히 이해할 거라고 속단해선 안 됩니다. 어떤 단어를 말하는 것과 그 단어의 뜻을 아는 것, 그리고 그 단어를 실제로 어떻게 쓰는지를 알고, 쓰임새에 맞게 사용하는 것은 각각 매우 다른 일이거든요.

이제 어린아이의 눈높이에서 몇 가지 개념을 정리해볼게요. 아이와 대화할 때 아래의 정의를 그대로 써도 되고, 당신이 생각하기에 더 적당한 말로 바꾸어도 됩니다.

경계: "경계란 일종의 '내 영역을 만드는 울타리'야. 네가 혼자 있고 싶어서 방문을 닫고 들어갔다면, 그게 바로 경계를 만든 거야. 누군가 경계 안으로 들어가고 싶다면 일단 문을 두드려야 해. 그러면 너는 '들어와도 돼'라든가 '지금은 혼자 있고 싶어'라고 대답할 권리가 있어.

경계란 누군가 너를 만져도 된다거나, 만지지 않았으면 하는 것과도 관련이 있어. 누군가 널 안아주는 게 좋을 때도 있지만 싫을 때도 있지. 그러면 좋다거나 싫다고 말해도 돼. 전에는 좋았지만 지금은 싫다고 말해도 되고, 안는 것뿐만 아니라 뽀뽀나 만지는 것도 마찬가지야. 어제 누군가에게 안아도 된다고 허락했다고 오늘도 허락해야 하는 건 아니야. 매순간 결정은 네가 하는 거란다."

동의: "동의란 뭔가를 해도 된다고 '허락'하는 거야. 네가 친구에게 안아도 되냐고 물어봤는데 친구가 '난 안기 싫어'라고 했다면, 친구가 동의하지 않았으니까 안으면 안 된다는 뜻이야. 네가 닫은 방문을 누군가 와서 두드린다면, 그 사람은 네가 '들어와도 돼'라고 말할 때까지 문 밖에서 기다려야 해. 네가 들어오라고 말하지 않는다면 그 사람은 네 방에 들어올 수 있는 동의나 허락을 받지 못한 거야."

존중: "누군가를 존중한다는 건 그 사람을 배려하고 그 사람의 말에 귀 기울여 따르는 거야. 누군가 '난 안기 싫어'라고 말하면 그 말대로 하는 거지. 누군가 네 말을 존중하지 않는다면 그건 너라는 사람도 존중하지 않는 거야. 그럼 기

분이 나쁘겠지. 마찬가지야. 다른 사람이 널 존중하길 바라면 너도 다른 사람을 존중해야 한단다. 누군가 너의 경계를 존중하지 않았다면, 설사 그 사람이 어른이라고 해도 곧바로 내게 와서 알려주렴."

어린아이에게 이런 개념을 설명할 땐 아이가 공감할 수 있는 사례를 제시하는 게 중요해요. 아이가 잘 알고 있고, 쓸 수 있는 일상적인 단어를 사용하고, 가능한 한 감정이나 느낌과 연결해서 이야기하세요.

아이는 들은 이야기를 금세 까먹는 경우가 많아요. 처음 듣는 얘기라면 더욱 그렇겠지요. 아이가 들은 이야기를 잊지 않게 하는 데 도움이 될 방법 몇 가지를 알려드릴게요.

- 아이에게 이런 말을 예전에도 들은 적이 있는지 물어보세요. 들었다고 하면 그 말에 관해 어떤 이야기를 들었는지 물어보세요.
- 아이가 개념을 잘 이해해서 말한다면 그것을 다시 한번 확인해주고 보충할 만한 정보나 메시지를 덧붙이세요. 잘못

알고 있는 부분이 있다면 차분하게 바로잡아 주세요.

왜 아이에게 경계를 가르쳐야 할까요?

경계는 어린아이가 이해하기에 어려운 개념이에요. 그럼에도 불구하고 아이에게 경계를 알려주는 것이 그토록 중요한 이유는 무엇일까요?

경계와 동의를 배우는 것은 아이가 앞으로 맺을 모든 인간관계의 기반이 됩니다. 자존감과 자기 효능감을 다지는 데도 필수입니다. 자존감이란 자신을 긍정하는 감정을 말하며, 자기 효능감은 자신에게 유익한 행동을 할 수 있다는 믿음을 말해요.

또한 경계와 동의에 관한 이해는 건강한 우정과 가족관계를 쌓아가는 데 주춧돌이 되지요. 아이가 훗날 성적인 관계, 또는 연인 관계를 맺고 싶어 할 때 건강하고 온전한 관계를 형성하는 기초가 되기도 합니다. 아이는 남에게 이용당하지 않는 법을 배울 뿐만 아니라 자신도 남을 이용해선 안 된다는 걸 배워요.

부모의 가장 중요한 역할은 아이가 자기 세계를 제대로 살아갈 수 있게 준비시키는 것이지요. 아이에게 도움이 되려면 아이가 스스로를 돌볼 수 있게 해야 해요. 그래야 세상에서 제 구실을 하는 사람이 될 수 있거든요.

그렇다고 해서 네 살짜리 아이에게 알아서 밥을 챙겨먹게 하라는 건 아니에요. 다만 어릴 때부터 자신의 권리를 지킬 수 있게 가르친다면 커서도 그렇게 삶을 꾸려갈 가능성이 더 높아진다는 거지요.

신체 경계의 문제로 돌아가 봅시다. 이 주제에 대해 일찍부터 자주 대화를 나눠야 할 매우 중요한 이유가 있어요. 세계 어디서나 미성년자, 특히 아동을 대상으로 한 성폭력이 발생하기 때문입니다. 아이에게 자신의 몸과 경계에 관해 가르치는 것이 가장 효과적인 아동 성폭력 방지 수단이라는 점이 많은 연구를 통해 증명되었습니다. 아이가 부적절한 접촉이나 학대를 당했을 때 곧바로 믿을 수 있는 어른에게 알리는 일은 성적 학대를 막는 가장 중요한 요인입니다.

아이에게 경계를 이해시키기 위해서 다음을 기본적으로 숙지하세요

어린아이에게는 확실하고 직설적인 소통방식이 필요해요. 경계나 성폭력 방지에 관해 이야기하려면 명료하고 정확한 언어를 사용해야 합니다. 하지만 많은 부모가 이를 불편하게 여깁니다. 성인끼리도 성에 관해 이야기할 때 민망한 경우가 있는데, 아이하곤 말할 것도 없겠죠.

배우자나 파트너가 있다면 일단 먼저 성인끼리 대화를 나눠보세요. 아이에게 어떤 방식으로 경계와 동의를 이야기하고 싶나요? 서로 편하게 말할 수 있는 부분과 말하기 불편한 부분은 구체적으로 무엇인가요? 양육자가 한 명 이상이라면 각각 따로 아이와 대화를 나누는 것이 아이에게 유익합니다. 경계는 누구에게나 중요하며 이 주제나 그 밖에 어떤 주제로도 모든 양육자와 대화할 수 있다는 점을 아이에게 인식시켜야 하니까요. 성을 주제로 아이와 양육자가 스스럼없이 대화를 나눌 수 있는 분위기를 어릴 때부터 만드세요. 그 바탕을 마련해두는 것이 중요해요.

혼자 아이를 키우고 있다면 또래나 손위 아이를 키우는 부모들과 다음 주제로 대화를 나눠봐도 좋아요.

- 아이와 어떤 식으로 경계와 동의에 대해 이야기했나요?
- 대화가 생각대로 풀리지 않았던 적이 있나요?
- 그런 경험을 통해 얻게 된 교훈이 있을까요?

신체 부위 명칭을 정확하게 사용하세요

-

경계에 관한 대화가 아이의 건강과 행복에 중요하다는 점을 확인했습니다. 그렇다면 대화는 어떤 방식으로 이루어져야 할까요?

많은 부모가 아이에게 성기를 언급할 때 어린이다운 용어를 쓰곤 하지요. 가령 소중이, 똥꼬, 잠지나 보지 같은 말이요. 저는 절대 그러지 말라고 조언하고 싶습니다. 여러 아동 발달 전문가들도 같은 의견을 내세우고 있습니다. 또한 관련 연구를 통해 확인된 바에 따르면, 성기의 정확한 생리적 명칭을 아는 아이가 성폭력이나 부적절한 접촉에 부모나 의사, 혹은 상담사와 더 명확히 소통할 가능성이 높습니다.

또 하나 기억해야 할 점이 있습니다. 어떤 신체 부위는 정확한 명칭으로 부르면서 다른 부위는 돌려서 말한다면 아이는 특정한 신체 부위를 부끄럽거나 수치스러운 것으로 이해할 수 있습니다. 신체 부위는 그냥 신체 부위입니다. 코는 코고 손은 손인 것처럼 말이에요. 그러니 반드시 고추는 '음경'으로, 보지 대신 '음순(대음순과 소음순)' 또는 '음부'로 부르도록 합니다. 가슴도 찌찌가 아니라 '유방'이라고 부르고요. (특히 여자아이의 성기는 바깥으로 보이는 대음순 외에 없는 것처럼 여겨집니다. 그러나 여성의 성기는 '음경이 없는' 것이 아니라, '대음순과 소음순이 있다'로 인식할 수 있도록 해주세요. - 감수자)

대화 창구를 항상 열어두세요

-

여러분도 어린 시절 부모나 다른 어른에게서 "그냥 시키는 대로 해"라는 말을 들은 적이 있겠지요. 어른은 자기가 한 말을 지키지 않는데도요. 아이는 어른 말대로 해야 하지만 정작 어른은 다르게 행동한다는 건 아이에게 혼란을 줄 뿐만 아니라 비교육적인 경험이기도 합니다.

아이에게 엄마, 아빠가 항상 곁에 있다고, 무엇이든 이야기해도 좋다고 **말하는 것**은 쉬운 일입니다. 하지만 정말로 곁에 있음을 **보여주는 것**은 전혀 다른 문제지요. 아이에게 몇 번이고 확인시켜줄 필요가 있습니다. 부모 입장에선 그런 확인이 지겹게 느껴질 수도 있을 거예요. 하지만 무조건 그렇게 해야 합니다. 반복이야말로 아이가 뭔가 기억하게 되는 열쇠거든요. 정보를 감정에 연결시키면 학습 효과를 더욱 강화할 수 있습니다. 예를 들어볼게요. "넌 나한테 무엇이든 이야기해도 돼. 난 너를 정말정말 사랑하니까." 아니면 이렇게 말할 수도 있지요. "전에도 말했다는 걸 알지만 그래도 또 얘기할 거야. 이건 아주아주 중요한 얘기고 넌 나에게 정말정말 중요한 사람이니까."

아이를 믿어주세요

–

어릴 때 어떤 이야기를 했다가 못 믿겠다는 말을 들은 적이 있나요? 그때 기분이 어땠나요? 사람은 누군가가 자신을 믿지 않으면 분노와 좌절, 무력감을 느끼게 마련입니다.

아이가 경계 침범과 성폭력에 관해 이야기할 때 어른은 이렇게 대응하기 쉽습니다. "진짜? 거짓말하는 거 아니지?" 아이가 성폭력을 당했다는 사실이, 혹은 아이가 지목한 사람이 가까운 사이라서 충격을 받아 무심코 나온 반응이겠지만 아이가 어떤 일이 자신을 불편하게 느끼게 했다고 말한다면, 아이의 말을 있는 그대로 믿어주는 것이 그 어떤 것보다 중요합니다. 아이가 당신을 찾아왔다는 게 얼마나 중요한 사실인지, 그러기 위해 얼마나 큰 용기를 냈을지 알아봐 주세요. 날 믿어주어 고맙다고 말해주세요. 그리고 실제 행동을 취함으로써 당신이 아이를 믿는다는 걸 보여주세요. 어떤 행동을 취해야 할지는 나중에 다시 이야기하겠습니다.

신뢰를 쌓아요

-

'신뢰' 역시 아이에게 설명하기 어려운 개념이지요. 사랑과 마찬가지로 본능적으로 느낄 수 있는 것이니까요. 어린 아이에게 신뢰는 흔히 '안전하다'는 느낌과 연결됩니다.

아이는 살아가면서 서서히 신뢰할 수 있는 상대를 알아봅니다. 당신은 아이에게 부모로서 자신을 신뢰해도 된다고 꾸준히 확인시켜줘야 해요. 마찬가지로 아이에게도 당신이 아이를 신뢰할 수 있었으면 한다고 알려줘야 하고요. 언제나 그렇듯이 구체적이고 아이의 나이에 맞는 사례를 제시하면 도움이 됩니다. 예를 들어 아이에게 방 청소를 하라고 했는데 아이가 와서 "다 했어요"라고 말하고 실제로도 청소를 했다면 이렇게 대답하세요. "그래, 고마워. 내가 부탁한 대로 청소도 하고, 사실대로 말해줘서 고맙구나. 정말 잘했어!" 이것이 바로 신뢰를 쌓아가는 방식이에요. 아이와 당신 사이에 형성되어야 할 신뢰관계를 보여주고, 신뢰가 중요함을 강조합니다.

좋은 비밀과 나쁜 비밀을 구분하는 방법을 알려주세요

-

아이를 학대하는 어른은 흔히 이런 말로 아이를 조종합니다. "우리 둘 사이의 일은 우리만의 비밀이야." 아이들은 자신이 특별하다고 느끼는 것을 좋아합니다. 그래서 어른에게 긍정적인 관심을 받으면 기분이 좋아져요. 비밀이 생기면 자신이 중요한 존재가 되었다고 느낍니다. 그러니 아이에게 "아무것도 숨기면 안 돼"라고 말하지 마세요. 즐겁고 재미있는 비밀을 가질 모든 기회를 빼앗아선 안 돼요. 대신 지켜야 할 비밀과 양육자에게 털어놓아야 할 비밀을 구분하는 법을 가르쳐주세요.

예를 들어 깜짝 파티를 계획 중이라면 파티를 비밀로 해야 하는 이유를 설명해주세요. "깜짝 파티는 행복한 비밀이란다. 잠시만 비밀을 지키면 모두가 즐거워질 수 있어. 하지만 다른 종류의 비밀도 있단다. 만약 어떤 어른이 너한테 뭔가를 비밀로 하자고 얘기하면 바로 즉시 나한테 말해줘야 해. 그런 다음 우리가 함께 그게 지켜야 할 좋은 비밀인지, 아니면 다른 방법을 써야 할 나쁜 비밀인지 생각해보자."

일관성을 유지하세요

-

일관성이란 나이와 성별을 떠나 모든 사람이 아이의 경계를 존중해야 한다는 의미예요. 부모를 지도하다 보면 아이에게 "할아버지한테 뽀뽀하기 싫어요", "누구누구랑 안기 싫어요"라고 말할 권리가 있다는 것에 반발하는 사람이 많습니다. 하지만 일관성 있게 경계를 존중해주지 않으면 아이는 혼란스러워하고 자기 경계를 침범당할 때마다 무기력해질 수 있습니다.

조부모를 비롯한 가족 및 친구들과 사전에 대화를 나누세요. 아이에게 뽀뽀나 포옹을 해도 될지 **물어봐달라고** 요청하세요. 문화적 배경에 따라서는 이러한 요청이 어려울 수도 있어요. 그래도 아이가 어떻게 반응하든 긍정적으로 받아들여달라고 최선을 다해 부탁해보세요. 주변의 모든 성인은 상대의 동의를 얻는 것이 나이나 성별에 상관없다는 것을 보여줄 좋은 롤모델이 될 수 있으니까요.

아이가 먼저 이야기를 꺼낼 때까지 무작정 기다리지 마세요

–

많은 부모가 이렇게 말합니다. 아이가 아직 성에 관해 물어보지 않았기 때문에 자기도 대화할 생각을 안 해봤다고요. 하지만 아이와 어떤 주제로 대화하는 일을 아이가 직접 질문하고 나설 때까지 미뤄서는 안 됩니다.

아이가 준비되었든 안 되었든 당신은 부모로서 먼저 이야기를 꺼내야 합니다. 아이는 성장하면서 온갖 경로로 정보를 얻게 되니까요. 다른 가족, 친구, 동급생, 대중매체, 그리고 낯선 사람을 통해서도요. 그중에서 당신의 목소리가 가장 크고 또렷하게 전달되어야 합니다.

한 친구에게 이런 말을 들은 적이 있습니다. “부모가 된다는 것은 하나의 크나큰 교육적 순간이다.” 당신이 눈앞에 있는 아이의 보호자이자 부모라는 사실을 항상 잊지 마세요. 부모가 된다는 건 정말 배움의 연속이에요.

아이와 이야기할 때는 항상 아이의 세계에 존재하는 사례를 들어 이야기하세요. 경계존중의 긍정적인 사례뿐만 아니라 부정적인 사례도 제시하세요. 아이에게 그런 상황이 어떻게 달라질 수 있을지 물어보세요. 그러다 보면 아이가 이 문제를 얼마나 잘 이해하는지, 추가로 설명하거나 바로잡아 주어야 할 부분은 없는지 파악할 수 있을 거예요.

가이드라인 활용법

이제 경계존중 성교육에 기본이 되는 가이드라인을 모두 살펴보았어요. 잠시 쉬어가면서 스스로 질문해봅시다. 이미 실천하고 있는 부분이 있나요? 이제부터 시작해야 할 부분은 무엇인가요? (너무 늦었다고 생각하지 마세요!) 유난히 불편하게 느껴지는 부분이 있다면 그 사실을 인지하게 된 것도 좋은 일이에요. 왜 그 부분이 불편한지 한번 생각해볼 만한 일이죠. 신체 부위를 정확한 명칭으로 불러야 한다는 걸 불편해하는 부모도 있겠지요. 그런 경우 시간을 들여 연습한 다음에 아이와 대화를 시작하는 것이 좋습니다.

이 책을 더 읽기 전에 가이드라인 첫머리에 포스트잇을 붙이거나 책갈피를 끼워 표시해두면 좋습니다. 책을 읽다가 중간중간 되돌아와 확인할 수 있도록요. 책을 읽어나가면서 가이드라인을 통해 자신을 성찰해볼 수 있을 것입니다. 아이와의 신뢰를 쌓고 다지는 데 도움이 될 예시가 있다면 메모해두세요. 또한 책에서 반복적으로 언급하는 내용에 주목하세요. 아이와 대화할 때 중요시해야 할 부분을 강조하기 위해 일부러 반복한 것 이니까요.

신체 장애나 신경다양성(ADHD, 아스퍼거 장애, 자폐 스펙트럼 장애 등)을 지닌 아이의 부모에게 마지막으로 한 가지 당부를 드립니다. 여러분과 아이의 대화는 아이의 특별한 상황과 인지 정도에 따라 조정되어야 해요. 이 책에 담긴 메시지들이 아이에게도 온전히 전해질 수 있도록, 신체 및 지능이 특수한 아이와 신체 자율권(bodily autonomy)을 이야기하는 데 참고가 될 자료를 책 말미에 소개했습니다.*

* 신체 자율권이란 "내가 하는 행동, 내 몸에 일어날 일, 내 몸과 접촉할 수 있는 사람, 그리고 그 접촉을 어떤 식으로 허락할지를 내가 결정할 수 있는 권리다." (《성적 동의》, 밀레나 포포바, 마티, 2020.)

1장

아이는 태어나자마자 몸을 탐구해요

당신이 언제 양육을 시작했든, 아이가 갓난아기든 유아든 십 대든 간에 언젠가는 몸과 경계를 주제로 아이와 이야기를 해야 합니다. 무엇을 어떻게 가르칠지는 아이의 나이와 발달 정도, 신경다양성 여부나 지적 이해력의 차이에 따라 달라지겠지만요.

아기나 유아는 감각을 통해 배웁니다. 물건을 힘껏 움켜잡고 홱 잡아당기기도 합니다. 일단 기어 다닐 줄 알게 되면 온갖 것을 건드리고 찢어발기고 심지어 입속에 집어넣습니다. 가정에서 아동의 안전에 신경 쓰는 중요한 이유 중 하나지요.

걸음마를 배운 어린아이는 끊임없이 사물과 사람, 주

변의 모든 것을 만지려고 합니다. 제 아이가 다니던 유치원에 가서 책을 읽어준 날이 기억나네요. 제가 자리에 앉자마자 전혀 모르는 아이가 다가와서 제 머리카락을 쓰다듬기 시작했습니다. 다른 아이는 옆으로 다가와 양팔로 제 팔을 감싸더니 고개를 제 몸에 기댔고요. 그 둘 사이로 또 다른 아이가 파고들더니 무릎에 앉는 거예요. 그러다 보니 어느새 네 살짜리 아이들 다섯 명이 마치 보트 아래 붙은 따개비마냥 저한테 달라붙어 있지 뭐예요.

저야 신체적인 애정 표현에 익숙하고 아이들을 좋아하는 사람이니 즐거웠지요. 하지만 한편으로 어린아이들은 아직 사람을 가리지 않는다는 것이 새삼 실감났습니다. 아이들은 “이 사람은 대체 누구지?”라고 생각하지 않습니다. 학교나 집처럼 자기에게 익숙한 장소에서 만난 사람이라면 더욱 그렇죠. 그러니 부모로서 아이에게 안전한 사람과 경계해야 할 사람을 구분할 방법을 가르칠 기회를 항상 찾아야 합니다. 다른 사람과 어떻게 소통하거나 또는 어떻게 소통하지 말아야 할지, 상대가 아이의 몸에 접촉해도 되는 사람인지, 만약 그렇지 않다면 어떻게 대처할 것인지도요.

이렇게 해보세요

여러분은 부모로서 아이에게 호기심은 정상적일 뿐만 아니라 멋진 것이라고 가르쳐야 합니다. 동시에 호기심에 따라 행동하기 전에 잘 생각해봐야 한다는 것도 이해시켜주어야 하고요. 책의 뒤쪽에서 이와 연관되는 문제를 서술할 것입니다. 몸과 관련해 누가 어디를 어떻게 만질지 스스로 결정할 수 있어야 한다는 것을요. 일단 지금은 다음의 몇 가지만 명심합니다.

아이는 태어나자마자 몸에 호기심을 가집니다. 아기는 흔히 기저귀를 벗자마자 성기를 만지기 시작합니다. 기저귀를 본격적으로 떼면 만지기 더 수월해지기도 하지요. 이런 때야말로 신체에 관해 알려줄 수 있는 절호의 기회입니다. 하지만 사람들은 성기를 성행위를 위한 기관으로만 인식하는 데 익숙해져 있어서 이야기하길 어색해하곤 해요. 심지어 아기의 성기라 해도 말이죠. 이와 같은 고착화된 생각의 연결고리가 성교육을 어렵게 만들어요.

아이의 몸이 접촉에 반응하는 건 자연스러운 현상임을 기억하세요. 아이에게 음경이 있다면 이 점을 매우 쉽게 확인할 수 있어요. 아이가 음경을 만지작거릴 때는 물론 여러분이 기저귀를 갈아주거나 몸을 씻겨줄 때도 발기하는 걸 보게 될 테니까요. 그렇다고 해서 여러분이 아이를 성애화하는 건 아니에요. 아이의 몸이 자연스럽게 작동하는 것을 목격했을 뿐이지요.

아이를 부끄럽게 만들지 마세요. 기저귀를 갈거나 몸을 씻기는 도중에 성기를 만지는 아이에게 여러분이 보이는 반응은 아이에게 자기 신체에 관한 메시지로 받아들여집니다. 다음과 같이 반응하면 아이가 당황하거나 수치스러워할 수 있어요

- 아이의 손을 성기에서 떼내려 하거나 밀어낸다.
- "안 돼!" "그러지 마!" "에비, 지지야!"와 같은 부정적인 표현을 쓴다.

아이는 여러분이 한 말의 의미를 이해하기에 앞서 여러분의 어조와 말투에 반응합니다. 말의 태도와 표현방식에 유의하세요. 아이가 자기 성기를 더럽거나 나쁜 것으로 인식하게 되면 자기 자신도 더럽거나 나쁜 존재라고 느낄 수 있어요. 이런 감정은 어린 시절을 넘어서 십 대 이후까지 영향을 미치기도 합니다. 사춘기 청소년뿐만 아니라 성인도 자기 몸을 부정적으로 인식하면 자신에게 유해하고 불건전한 결정을 내리기 쉽습니다. 예를 들어 충분히 준비가 되지 않은 상태에서 성관계를 맺는다든지 말이죠.

알몸과 관련해 어디에 선을 그을지 의논하세요. 아이에게 알몸을 보여도 괜찮은지 문의하는 부모들이 많습니다. 간단히 대답하자면 이렇게 말할 수 있겠네요. "그 자체로는 좋지도 나쁘지도 않습니다. 여러분 가족이 알몸을 아무렇지 않게 느끼는지 여부가 중요하죠." 가족에 따라서, 그리고 문화에 따라서도 서로 알몸을 보이는 것이 아무렇지 않은 경우가 있습니다. 이런 경우 인체는 제각기 다양하게 생겼으며 누구나 자기 몸에 당당해야 한다는 생각을 아이가 자연스럽게 받아들일 수 있다는 장점이 있지요. 인체의 다양성에 관해 설명하되 굳이 그 점을 강조하기 위해 서로 알몸을 보일 필요는 없다고 생각하는 가족도 있고요.

서로 알몸을 보는 게 아무렇지 않은 경우라 해도, 적당한 지점에서 선을 긋는 것은 필요합니다. 아이가 이런 질문을 할 테니까요. "나도 크면 음경이 저렇게 돼요?" "왜 엄마/아빠는 ○○가 있는데 나는 ××가 있어요?" 질문이야 자유지만 접촉에 있어서는 허용되는 영역을 설정해야 합니다. "엄마/아빠 몸에 관해 물어보는 건 괜찮아. 하지만 내 음부/음경/유방/엉덩이를 만지면 안 돼." 만약 아이에게 형제자매가 있다면 이는 형제자매와의 신체 부위 접촉에 있어서도 마찬가지임을 확실히 알려주세요.

언제쯤 그만둬야 할까요? 서로 알몸을 보여도 괜찮다고 결정한 가족의 경우, 아이가 몇 살 때쯤 그만둬야 하는 걸까요? 부모에게 직접 대놓고 말하는 아이도 있을 거예요. 언제부턴가 행동이 달라져 더 이상 부모나 형제자매에게 알몸을 보이지 않으려 하는 아이도 있겠지요. 방에 혼자 있거나 목욕할 때 문을 닫아놓으려 하는 경우도 있을 테고요. 아이가 이런 행동을 보인다면 부모 쪽에서도 똑같이 해주는 게 좋습니다. 설사 아이의 행동이 달라지지 않았다고 해도 이따금 확인차 물어봐서 나쁠 건 없지요. "집에서 알몸을 보이는 걸 편하게 해왔잖아. 혹시 이제는 타월이나 샤워가운을 쓰는 게 좋을 것 같니?" 상관없다고 대답한다면 편한 대로 해도 괜찮습니다. 하지만 시간이 지나면 다시 물어보세요. 아이의 생각은 아이의 몸만큼이나 매일매일 자라나니까요. 아이의 행동을 눈여겨보세요. 만약 아이가 몸을 가려주기를 바란다면 무조건 그렇게 하시고요.

이 모든 것이 아이에게 가족 및 친구, 미래의 연인이나 반려자와의 사이에서 건강한 경계존중과 인간관계를 탐색하는 롤모델이 됩니다.

이렇게 대화하세요

아이는 걸음마를 시작하자마자 성기를 만지려 해요. 어느 정도는 쾌감 때문이고 어느 정도는 위안이 되기 때문이지요. 때로는 상당히 거칠게 성기를 만지면서도 전혀 불편한 기색이 없는 아이도 있답니다. 하지만 안심하세요. 아프다고 느낀다면 아이가 알아서 멈출 겁니다. 다만 질이 있는 아이라면 질 안에 아무것도 넣으면 안 된다는 점만은 단단히 일러두세요.

이 무렵의 아이에게 부모가 반드시 알려주어야 할 점이 있습니다. 인체란 멋진 것이지만 성기를 만져도 되는 때와 장소가 있고, 그래선 안 되는 때와 장소가 있다는 것입니다. 이 점에 대해 긍정적으로 전달할 수 있는 대화의 예를 들어볼게요.

"네 음부/음경/성기를 만지는 건 전혀 이상한 일이 아니야. 하지만 성기는 우리 집이나 네 방에서만 만지는 거지 학교나 친구 집, 밖에선 만지면 안 돼. 그리고 집에서도 다른 사람이 옆에 있으면 만지지 않는 거야."

"성기를 다 만지고 나면 반드시 손을 씻으렴. 화장실에 다녀온 다음 손을 씻는 것처럼 말이야. 성기가 더러워서가 아니라, 오줌이 성기에서 나오니까 그런 거야. 성기를 만진 다음 손을 잘 씻지 않으면 성기에 남아 있던 오줌 때문에 너도 모르게 세균이 퍼질 수도 있거든."

핵심 요약

- 호기심은 정상적인 것입니다. 아이가 자기 몸을 탐구하게 해주세요.
- 아이가 몸을 만질 때 과민 반응을 해서 아이를 수치스럽게 하지 마세요. 대신 위생 문제와 경계를 가르치세요.
- 가정에서의 알몸은 건강한 행동의 본보기로 작용할 수 있습니다. 서로의 경계를 존중하고 질문에는 관대하게 대답해주되, 상대에게 허락받지 않은 신체 접촉은 안 된다는 걸 일러주세요.

2장

내 몸은 나의 것!

아이는 어릴수록 구체적으로 사고합니다. 구체적인 사고란 모든 것을 곧이곧대로 받아들인다는 뜻입니다. 그래서 아이는 직접 보고 만질 수 있는 물건이나 자기에게 익숙한 것과 연결된 사례를 더 잘 이해합니다. 나이가 들어 뇌가 발달하면 추상적인 사고를 할 수 있게 되지요. 다시 말해 특정한 물건과 연결되지 않은 개념도 이해할 수 있다는 뜻입니다. 예를 들어 '사랑'은 보거나 만질 수 없는 추상적인 개념입니다. 하지만 누군가에게 사랑을 표현하는 구체적인 방식으로 묘사할 수 있습니다.

'소중한 나만의 것(Private Parts)' 역시 추상적인 개념입니다. 많은 부모들이 성기를 가리키는 말로 사용하곤 하지요. 타인이 함부로 손대거나 관여할 수 없는 나만의 부위, 나만의 것이라는 점을 이해시키기 위해서 사용합니다. 어린아이에게 '성'의 사적인 속성을 이해시켜야 한다는 점은 저도 동의합니다. 아이에게 '내 몸은 나의 것'이라는 것, 왜 성기를 타인에게 함부로 노출하거나 만지게 하지 않는지, 또 왜 나도 그래야 하는지를 이해시켜야 하니까요. 다만 사용하는 어휘와 방법에 있어서는 신중해야 해요.

성교육 워크숍을 시작할 때면 부모에게 던지는 질문이 있습니다. 참여한 부모에게 제가 네 살 아이라고 가정하고 '소중한 나만의 것'이 무엇인지 설명해보라고 합니다. 그럴 때마다 첫 번째로 지목된 부모는 어김없이 버벅대며 난감해합니다. "그러니까, 뭔가를 소중하게 나만의 것으로 간직한다는 건 말이야. 그건 음……, 잠깐만요."

아이에게 이렇게 말할 수 있습니다.

"내가 '난 지금 소중한 나만의 시간이 필요해'라고 말한다면 그건 방에 들어가 문을 닫고 나 혼자 있을 테니 혹시

날 만나야 한다면 들어오기 전에 꼭 문을 두드려 달라는 뜻이란다. 너도 화장실을 쓴다거나 혼자 있고 싶을 때면 그렇게 할 수 있어. 네가 문을 닫고 있다면 난 문을 두드리고 너에게 '들어가도 되니?'라고 묻고, 네가 '들어와도 돼요'라는 대답을 할 때까지 기다렸다가 들어갈 거야. 네가 그렇게 대답하지 않고 '아니요, 안 돼요'라고 한다면 들어가지 않을 거고. 네가 전혀 기척이 없거나, 아니면 네가 다쳤거나 위험한 상황이라고 판단할 만한 소리가 들리지 않는 한은 말이야."

많은 어른이 아직도 아이에게 성기를 지칭할 때 '소중한 부위'라는 표현을 씁니다. 저는 두 가지 이유로 이런 표현을 쓰는 데 반대합니다. 첫째로 추상적인 개념이라 아이가 이해하기 어렵습니다. 정확하지 않아 잘못 이해하기 쉽지요. 제가 워크숍에서 했듯이 아이가 그게 무엇인지 질문이라도 하게 되는 날이면 어떻게 대답할지 몰라 얼버무리게 될 테고요. 둘째로 신체 부위를 정확한 명칭으로 부르는 것이 성폭력 예방에 매우 중요하다는 연구 자료가 있기 때문입니다. 음경 또는 음부라는 명칭을 쓰든 그냥 성기라고 부르든 상관없어요. 아이와 함께 몇 번씩 이런 명칭을 반복하세요. 아이 본인과 아이와 다른 성기를 가진 사람들의 성기 명칭을 확실히 알려주세요. 어린아이는 성기라는 말에 어른과 같은 의미를 부과하지 않아요. 성기를 반드시 성행위와 연결 짓지 않는다는 뜻입니다.

성기를 정확한 명칭으로 부르면 경계를 이해하는 데도 도움이 됩니다. 제 아이가 다섯 살쯤 되었을 때 제 친구가 아기를 낳았습니다. 아기를 엄청 좋아하는 제 아이는 하루빨리 그 아기를 만나보고 싶어 했지요. 마침내 친구 집에 놀러 가게 됐을 때도 신이 나서 저를 앞서 달려가더군요. 저는 주의를 주려고 아이를 불러 세웠습니다. 네가 점잖은 아이라는 건 알지만(적어도 주의를 주었을 때는요) 아기를 만질 때는 정말로 조심해야 한다고 일러주려고요. 아직 굳어지지 않았을 아기의 정수리를 혹시 실수로 건드릴까 봐 걱정되었거든요.

그래서 저는 이렇게 말했죠. "아기를 만나기 전에 아기는 정말 살살 다루어야 한다는 걸 명심하렴. 아기 몸에서 네가 만지면 안 되는 부분이 어디라고 했지?"

아이는 잠시 생각해보더니 골반 주위를 손가락으로 빙 둘러 보이며 말하더군요. "아기의 음부요?"

저는 큰 소리로 웃고 말았지만, 곧 이렇게 대답해주었습니다. "그래, 맞아! 남의 음부나 음경을 허락 없이 건드리면 안 돼지. 남들도 네 성기를 건드리면 안 되고. 그런데 말이야, 엄마가 지금 말하려고 했던 건 정수리란다. 태어난 지 얼마 안 된 아기의 정수리는 아직 말랑말랑해서 다치지 않게 조심해야 하거든."

아이는 "아, 정수리요. 알았어요"라고 말하더니 얼른 집 안으로 들어갔어요.

이 이야기를 통해 두 가지를 알 수 있어요. 첫째로 성기를 항상 정확한 명칭으로 부르면 아이들도 마치 코를 코라 부르고 무릎을 무릎이라 부르듯 자연스럽게 그런 명칭을 쓴다는 것이지요. 둘째로 아이는 아주아주 어릴 때부터 어른의 말과 행동을 보고 듣는다는 거예요. 일찍부터 자주 이야기하는 것은 정말로 효과가 있답니다.

아이에게 소중하다는 것과 성기를 연관 지어 설명한다면 이렇게 말할 수 있을 거예요.

“성기는 네가 소중하게 간직하는 신체 부위란다. 나만을 위한 것이란 뜻이지. 내가 문을 닫고 혼자 방 안에 있었던 일이 기억나니? 그건 나만을 위한 시간이 필요했기 때문이야. 음부나 음경 같은 성기를 ‘소중한 나만의 부위’라고 부르는 사람들도 있어. 다른 사람이 함부로 만져서는 안 되는 ‘나만의 것’이라는 걸 말하기 위해서야. 그래서 우리는 누구나 옆에 다른 사람이 있으면 성기를 만지지 않고 가리게 마련이지. 알몸으로 다니지 않고 옷이나 수영복을 걸치는 이유이기도 해. 성기를 부끄러워할 이유는 없지만, 집에서 혼자만의 시간을 가질 때가 아니면 성기는 가리는 거란다.”

그러면서 아이에게 성기를 남에게 보이거나 심지어 만지게 해도 괜찮은 상황에 관해 설명할 수도 있겠지요. 부모에게, 혹은 성기 기능에 문제가 생겼을 경우에 의사에게 말이에요. 이런 식으로 이야기할 수 있을 거예요.

"대부분의 경우 성기는 다른 사람에게 보여주거나 만지라고 하는 게 아니란다. 너도 다른 사람에게 성기를 보여 달라거나 만지게 해달라고 하면 안 돼. 하지만 때때로 의사가 네 성기를 만져야 할 때도 있어. 성기에 아무 문제가 없는지 확인하려고 말이야. 그런 경우에는 내가 너랑 같이 진료실에 있을 거란다. 의사가 널 만지는 건 검사의 일부니까 괜찮다는 걸 너도 알 수 있게 말이야. 그래도 혹시 불편한 느낌이 든다면 반드시 말해주렴.

그리고 성기가 아프거나 무슨 문제가 생긴 느낌이 든다면 꼭 내게 말해줘. 너만 괜찮다면 나한테 직접 보여줘도 돼. 보여주기가 불편하다면 안 그래도 되고. 내가 진료 예약을 하고 너랑 같이 병원에 갈 테니까."

이렇게 해보세요

아이에게는 신체 부위의 명칭뿐만 아니라 그 기능도 알려주어야 해요. 그래야 뭔가 문제가 생겼을 때 아이가 바로 알아차리고 부모에게 알릴 수 있거든요.

아이 나이에 알아야 할 성기의 기능과 유익한 정보로는 다음과 같은 것들이 있어요.

- 성기는 몸에서 소변이 나오는 부위입니다. 소변이 나오는 작은 구멍을 요도구라고 하는데, 음경이 있는 아이라면 음경 끝에 있고 음부가 있는 아이라면 음부 위쪽에 있지요. 아이가 성별 구분이 명확하지 않은 성기를 가졌다면 성기에 요도구가 있다고 알려주세요.
- 다른 모든 신체 부위처럼 성기도 청결하게 관리해야 합니다. 음경이 있지만 포경 수술을 받지 않은 아이라면 어느 시점부터는 포피를 살며시 뒤로 밀어내고 그 아래를 씻을 수 있을 거예요. 하지만 사람마다 그 시점이 다를 수 있어요. 대여섯 살부터 포피를 벗겨낼 수 있는 사람도 있지만 사춘기나 십 대 청소년이 되어서야 가능할 수도 있습니다. 아이가 아직 그럴 수 없다고 해도 미리 일러주는 게 좋아요. 최대한 살살 씻되 비눗기를 깨끗이 제거해야 한다고 강조하세요. '소변이 나오는 구멍', 그

러니까 요도구에 비누가 들어가면 쓰라릴 수 있으니 그 점도 주의를 주세요.

- 질이 있는 아이라면 질에는 기본적으로 자정 능력이 있다는 걸 알려주세요. 그래서 질에 비누칠을 할 필요가 없다고요. 질에 비누가 들어가면 안 되지만 음부는 깨끗하게 관리해야 한다는 것도 알려주시고요. 요도구에 비누가 들어가면 가려움이나 통증을 느낄 수 있으니 조심해야 한다는 것도 함께 알려주세요.

이렇게 대화하세요

아이가 사춘기에 접어들 무렵이면 앞으로 겪게 될 신체의 변화를 미리 알려주고 싶어집니다. 실제로 변화가 시작되었을 때 아이가 깜짝 놀라지 않게요. 이 책 끝의 '더 읽어보기'에 아이와 함께 사춘기의 변화에 대해 알아볼 수 있는 좋은 읽을거리들을 소개했어요.

개인적으로 사춘기에 관해 일찍부터 아이와 대화를 시작하길 권합니다. 그러면 아이가 신체 변화를 미리 예상하고 기대하게 되거든요. 우리 세대는 흔히 사춘기란 질풍노도의 시기라고 하며, 어색하고 불편하며 혼란스럽고 고통스러운 시기라는 얘기를 들으며 자랐죠. 이제는 그런 선입견을 뒤집고 사춘기가 얼마나 짜릿한 시기인지 말해줄 기회가 온 거예요! 물론 사춘기에는 그리 유쾌하지 않은 면도 있다는 걸 알려줘야겠지만, 양쪽 모두를 솔직히 이야기해줘야 아이가 균형 감각과 자존감을 형성하는 데 도움을 받을 수 있습니다.

핵심 요약

- 아이들은 구체적으로 사고해요. 신체에 관한 대화를 처음 시작할 때는 '소중한 나만의 부위' 같은 추상적 용어를 피하세요.
- 옷은 아이가 몸과 관련해 소중함이라는 개념을 이해하는 데 유용한 수단이에요. 뭔가를 가리는 데는 이유가 있

거든요.

- 아이의 성기가 아프거나 불편해서 양육자와 함께 병원에 갔을 때는 어른인 의사가 아이의 성기를 보거나 만져도 괜찮은 예외 상황이라는 점을 알려주세요.

3장

성폭력에 대하여;
'좋은' 접촉과 '나쁜' 접촉?

지금까지는 다양한 접촉 전반을 살펴보았어요. 이제부터는 특별히 성폭력에 관해 이야기하겠습니다. 성폭력이 당신에게 정신적 외상을 유발할 수 있는 주제라면, 이 장을 다른 사람과 함께 읽거나(파트너나 배우자가 있다면 같이 읽는 게 가장 좋습니다) 평소 감정을 제어하는 데 효과가 있다고 확인된 활동(숨 고르기, 명상, 숫자 세기 등)을 하길 추천합니다. 이 장은 무척 중요한 내용이니 반드시 심리적으로 안정된 상태에서 읽고 아이와 논의하도록 하세요.

'좋은 접촉'과 '나쁜 접촉'이라는 표현을 흔히 들었을 거예요. 포옹은 대체로 좋은 접촉이지만, 숨 막히게 꽉 끌어안는다면 나쁜 접촉이 될 수 있지요. 상호 동의하에 하는 몸 놀이(매달리기, 비행기 태우기 놀이 등)는 유쾌하고 좋은 접촉이겠지만, 한쪽이 놀이에 너무 몰입해서 실수로 상대를 다치게 한다면 나쁜 접촉이 될 거예요.

사실 저는 '좋은' 접촉과 '나쁜' 접촉이라는 표현을 썩 좋아하지 않습니다. 어린아이들에게 이런 식의 설명이 필요하다는 것을 이해는 하지만요. 설명이 단순 명료해지니까요. 문제는 현실이란 항상 확실히 좋거나 확실히 나쁘지 않을 수도 있다는 것입니다. 특히 이도 저도 확실하지 않은 애매한 상황은 어린아이가 판단하기 어렵습니다. 또 하나 걱정되는 점은 '나쁜'이라는 말이 특정 신체 부위와 연결되면 그 부위 자체가 나쁘다는 의미로 받아들여질 수 있다는 것입니다. 그렇게 발생한 수치심은 청소년기를 넘어 성인기까지 지속되며 앞으로의 성관계에도 영향을 미칠 수 있습니다.

아이에게 불쾌하게 느껴지는 접촉을 '나쁜 접촉'이라고 설명하는 것도 괜찮지만, 딱히 적합한 설명은 아닙니다. 아이도 자신의 성기를 만지면 기분이 좋다는 것을 압니다. 그리고 다른 사람이 만져도 기분은 좋을 수 있거든요. 아이가 나쁜 접촉을 불쾌하게 느껴지는 접촉만을 뜻한다고 이해한다면 불완전하고 혼란스러운 메시지를 받아들이게 되겠지요. 그래서 저는 아이에게 괜찮지 않은, 바로 부모에게 와서 알려야 할 접촉들을 일러주는 쪽을 추천하고 싶습니다. 바로 다음과 같은 접촉들 말이지요.

- 누군가 아이의 성기나 엉덩이, 가슴을 만질 때
- 누군가 아이에게 자기 성기나 엉덩이, 가슴을 만져달라고 할 때
- 위에서 말한 특정 신체 부위가 아니라도 누군가 아이에게 어떤 식으로든 불편하게 느껴지는 접촉을 시도할 때

여기서 가장 중요한 건 명확하게 여러 번 되풀이해 말하는 것입니다. 만약 상대가 자기 **몸의 어디에도** 손대는 게 싫다면 아이에게는 그렇게 말할 권리가 있다는 것을 강조해야 해요. 당신이 다른 사람과 어떻게 접촉하고 대화하는지 아이와 이야기 나눌 기회가 생기면 그렇게 하세요. 영화나 텔레비전 속 드라마 또는 광고를 보다가 상호 동의

하의 긍정적인 접촉이 등장하면 아이에게 알려주세요. 한 쪽이 불편해하는 게 분명한 상황이 보인다면 그것도 지적하세요. “저 사람이 어떻게 해야 했을까?”라고 아이에게 물어보고 함께 이야기를 나누세요. 구체적이고 특정한 사례는 아이가 중요한 메시지를 이해하고 마음에 새기는 데 유익합니다.

이렇게 해보세요

경계에 관한 대화, 특히 성폭력에 관한 대화는 아이가 성장하는 동안 계속되어야 합니다. 아이는 만 9세에서 10세쯤이면 사춘기에 접어들어 신체가 빠르게 자라기 시작하는 만큼 종종 다른 사람들, 특히 성인들에게서 불필요하고 부적절한 시선을 받을 수 있어요. 그러니 괜찮지 않은 접촉에 관해 설명할 뿐만 아니라 실제로 그런 접촉이 일어나면 대처할 방법도 확실히 알려주어야 합니다. 상대가 또래 아이든, 청소년이든, 성인이든 마찬가지예요. 특히 가족이나 친구처럼 잘 아는 사람이라면 더욱 확실히 대처해야 합니다. 성폭력 가해자 대부분은 피해자가 아는 사람이며 이는 아동 성폭력에 있어서도 마찬가지입니다.

아이가 아직 어리다면 '싫어-도망쳐-말해'를 잊지 말라고 이야기하세요. 앞서 언급한 신체 부위들을 만지거나 만져달라고 하는 사람을 만났을 때 아이가 실천할 수 있는 간단하고도 효과적인 전략입니다. (하지만 아이가 경계를 존중받지 못하는 상황에서 어른에게 싫다고 말하는 것은 굉장히 어려운 일입니다. 특히 아이는 내가 싫다고 표현하지 못했기 때문에 이런 일이 벌어졌다고 자책할 수도 있습니다. 따라서 싫다고 표현하지 못했더라도, 혹은 내가 표현했는데 경계가 침범당했더라도 그것은 너의 잘못이 아니라는 점도 반드시 함께 알려주세요. - 감수자)

싫어! 아이에게 크고 또렷하게 "싫어!"를 외치라고 말하세요. 아이에게 어른을 존중하라고 가르치긴 했지만 괜찮지 않은 접촉에는 "싫어!"라고 말할 권리가 있다고, 당신도 항상 아이의 편을 들어줄 거라고 말하세요. "그만해!(그만해요!)"라든지 "하지 마!(하지 마세요!)"처럼 싫다는 의미로 이해될 수 있는 말이면 뭐든 괜찮습니다.

도망쳐. '도망쳐'란 최대한 빨리 그 상황에서 빠져나가야 한다는 뜻이에요. 집 안에서 누군가와 둘이 있을 때 그런 일이 생겼다면 가능한 한 이웃집으로 가서 여러분에게 전화하라고 하세요. 학교에서 그런 일이 벌어졌다면 바로 교실에서 나와 다른 어른을 찾아 도움을 받으라고 하세요.

말해. 이 책의 첫머리에서 지켜야 할 비밀과 숨기면 안 될 비밀의 차이점을 이야기했습니다. 아이에게 불편하게 느껴지는 신체 접촉을 하는 사람이 있다면 반드시 털어놓고 이야기해야 한다는 점은 아무리 강조해도 모자라지 않아요. 아이가 스스로 특별한 존재라고 느끼도록 교묘하게 말을 걸어오는 성인이나 청소년이 있을지도 모른다고 미리 알려주세요. "이건 우리만의 특별한 비밀이야"라거나 "이 일을 누가 안다면 너한테 화를 낼 거고, 그럼 너만 힘들어질 거야"라는 식으로요. 아이에게 그런 일이 생겨서 당신에게 말하러 오더라도 **절대로** 화를 내거나 속상해하지 않을 거라고 몇 번이고 확실히 말해주세요. 무슨 일이 있든 간에 반드시 부모에게 와서 말해야 한다고요.

아이가 어떤 이유로든 이 문제를 (혹은 다른 문제라도) 이야기하기 불편해한다면 잘 알고 믿을 수 있는 다른 어른에게 가라고 말해두는 것도 좋아요. 믿을 수 있는 어른에 관해서는 11장에서 자세히 다루겠습니다.

이렇게 대화해보세요

성폭력만큼 아이와 이야기하기 힘든 주제도 드물 것입니다. 하지만 그만큼 중요한 주제이기도 합니다. 그러니 절대로 대화를 회피하지 마세요. 성폭력에 관한 대화는 아이가 스스로를 건강하고 안전하게 지킬 중요한 수단을 제공하는 것입니다. 이 점을 깊이 명심하세요. 성폭력을 예방하는 데 이만큼 유용한 수단도 없습니다.

아이가 사춘기에 접어들면 부모의 말에 귀찮다는 듯 "예전에 다 했던 얘기잖아요!"라고 대꾸할 수도 있어요.

그렇다면 들은 내용을 기억한다는 거니까 사실상 좋은 신호라고 해야겠죠? 이참에 아이가 확실히 기억하고 있는지 확인해보는 것도 좋아요. “그랬니? 그때 우리가 무슨 얘길 했지?” 아이가 정말로 당신의 이야기를 잘 듣고 이해한 것 같다면 나이에 맞는 내용을 보충해주어도 좋겠지요. 예를 들어 아이가 겪을 사춘기의 신체 변화와 그로 인해 사람에게 받게 될 시선에 관해 이야기할 수 있어요.

아이가 기억하는 내용이 부정확하다면 오해를 바로잡아 줄 좋은 기회입니다. 아이에게 주변에 믿을 수 있는 어른이 누가 있을지 물어보고, 당신의 가치관과 사고를 공유하며 아이와도 좋은 관계로 지내는 어른이 있다면 신체적·성적 경계에 관해 대화를 나눠보라고 추천해줄 수도 있을 것입니다. 아이에게 네게는 누구와 어떻게 접촉할 것인지 스스로 결정할 권리가 있다고 거듭해서 말해주세요. 혹시 궁금한 게 있거나 도움이 필요하다면 당신이 항상 아이 곁에 있다는 것도요.

핵심 요약

- 접촉에 있어서 '좋은'이나 '나쁜' 같은 표현을 쓰는 걸 피하세요. 현실에는 좋거나 나쁘다고 표현할 수 없는 광범위한 회색지대가 있는 만큼 아이가 혼란스러워할 수 있습니다. 몸에서 아무도 만지면 안 되는 부위를 명확히 알려주고, 만약 누가 그 부위를 만진다면 당신에게 말하라고 당부하세요.
- 반복과 모방이 핵심이에요. 일상생활이나 드라마, 영화 등에서 긍정적인 접촉의 사례를 보았다면 아이와 이야기를 나누세요. 마찬가지로 부정적인 접촉의 사례도 맥락화하여 아이에게 보여주고 어떻게 생각하는지 물어보세요.
- '싫어-도망쳐-말해'는 아이가 불편한 상황에 대처할 수 있는 간단한 3단계 전략입니다. 설사 아이가 지겨워하더라도 귀에 못이 박히도록 되풀이해서 들려주세요.

4장

몸에도 경계가 있다는 걸 알려주세요

아이는 아주 어릴 때부터 경계가 무엇인지 배우기 시작합니다. 경계가 다소 거창하고 추상적인 개념인 만큼 아이에게 그런 용어를 쓰지는 않겠지만요. 그 대신 일상의 사례와 지속적인 가르침을 통해 경계란 무엇인지, 왜 경계를 존중해야 하는지, 경계를 존중하지 않으면 어떤 일이 생기는지 보여주어야 합니다.

경계란 울타리예요. 경계는 때론 해선 안 될 일을 지시하기도 하지만("난로에 손대지 마", "내가 없을 때는 아무한테도 문을 열어주면 안 돼" 등) 많은 경우 해야 할 일을 지시해줍니다. 따라서 어떤 경계든 간에 그것이 존재하는 이유와 연관 지어 설명하면 좋아요. 예를 들어 "난로에 손대지 마.

엄청 뜨거워서 델 수도 있거든. 손을 데면 정말 아플 거야"
라는 식으로요. 경계에 관한 설명은 인과관계, 즉 어떤 행
동에는 결과가 따르고 때로는 해로운 결과가 따를 수 있다
는 필수 교훈을 동반합니다. 경계란 당신과 주변의 어른들
이 아이를 비롯한 모두의 안전을 지키기 위해 설정되는 것
임을 알려준다면 아이의 신뢰를 다지는 효과도 있습니다.

신체 경계 또한 일종의 울타리예요. 아이가 부모뿐만
아니라 다른 아이나 어른과 어떤 관계를 맺을 것인지와 관
련해 강조되어야 합니다. 아이에게 신체 접촉을 할 것인
지, 한다면 언제 어떻게 할 것인지 스스로 결정할 권리가
있다는 걸 확실히 말해주세요. 똑같은 신체 접촉이라도 사
람에 따라 좋아하거나 싫어할 수 있다는 것도요. 마찬가지
로 아이도 상대방이 싫어하는 방식으로 접촉할 권리가 없
다는 것 또한 확실히 일러주어야 합니다.

예를 들어 당신이 아이와 몸 놀이를 하다 보면 아이가
갑자기 흥분해서 덤벼들 수 있어요. 그런 상황에서 아이는
놀이엔 넘으면 안 되는 선이 있다는 걸 이해하지 못했거나

자신의 힘을 인식하지 못한 탓에 실수로 당신을 다치게 할 수도 있습니다. 그럴 때면 바로 아이를 멈추게 하고 아이의 행동이 나를 아프게 했다고 말해주는 게 중요해요. 아이를 속상하게 하거나 죄책감을 느끼게 하라는 게 아니라, 다른 사람을 존중하며 안전하게 접촉하는 방법을 일깨워 주라는 것입니다.

이렇게 해보세요

경계 설정과 관련하여 혼란스러워하는 부모들도 있습니다. 아이에게 넘어선 안 되는 선에 대해 이야기해주다가 아이의 기분을 상하게 할까 봐 걱정하지요. 하지만 아이는 당신의 친구가 아니라 자녀라는 것을 명심하셔야 합니다. 때로는 아이가 당신에게 짜증을 낼 수도 있다는 걸 각오해야 합니다. 설사 아이가 내키지 않아 하더라도 신체 경계를 설정하게 해야 아이 스스로 부적절한 포식자의 행동을 인식하고 그런 이들로부터 자신을 지킬 수 있습니다. 다음의 실천 사항들을 따르면 아이가 신체 경계를 확실하게 이해하고 마음속에 새길 수 있을 거예요.

단호하게 말하세요. 이 책에서는 말하는 방식이 말의 내용만큼 중요하며 어쩌면 더 중요할 수도 있다고 수없이 이야기합니다. 직설적으로 단호하게 말해야 한다는 것도 포함이에요. 아이에게 뭔가를 지시할 때 끝에 '알았지?'를 붙이지 말라고 제가 얼마나 많은 부모에게 말했는지 몰라요. 예를 들어 "그 불에 손대면 안 돼, 알았지?"라고 말하면 아이에게 동의를 받으려는 것처럼 들릴 수 있어요. 하지만 당신은 아이에게 요청을 하려는 게 아니라 아이를 안전하게 지키기 위한 중요한 정보를 알려주려는 것입니다. 그러니 "불을 건드리거나 불장난을 하면 안 돼. 다칠 수 있어"라고 단호하게 말하세요. 단호하게 말하는 것과 무섭게 윽박지르듯 말하는 것은 다릅니다. 진중하고 명확한 태도가 중요해요.

마찬가지로 아이가 당신의 몸을 불편한 방식으로 건드린다면 눈을 맞추고 확실하게 말해주세요. "불편하니까 그러지 말렴." 이렇게 함으로써 아이는 배울 수 있어요. 누군가 자기 몸을 마음에 들지 않는 방식으로 건드리면 자신도 상대와 눈을 맞추며 "불편하니까 그러지 마요"라고 말해야 한다는 것을요.

언행일치를 실천하세요. 앞의 사례로 계속 이야기해볼게요. 당신이 아이에게 불편한 접촉을 멈춰달라고 요청했는데 아이가 그 말에 따랐다면, 당신의 말을 들어주어서 고맙다고 말한 다음 아이도 똑같이 말할 수 있다는 걸 상기시켜주세요. "만약 내가 네 몸에 닿았을 때 불편하다면 바로 말해주렴. 나도 바로 물러날 거니까."

가능하다면 대안을 제공하세요. 아이들은 이런저런 이유로 상대를 다소 거칠게 대할 수 있어요. 예를 들어 놀이 중에 너무 신이 났거나 자기 힘을 제대로 인식하지 못해서 말이죠. 아이가 신경다양성을 지녔다면 자신의 행동이 남을 다치게 할 수도 있다는 걸 모를 수도 있습니다. 이런 경우 아이를 멈추게 하고 접촉하는 다른 방식을 가르쳐주세요. "네가 날 너무 꽉 껴안고 있어서 아파. 나도 안는 건 좋아하지만 좀 더 부드럽게 안아줄래?" 때에 따라서는 당신의 의도를 구체적으로 전달하기 위해 적절한 접촉 방법을 직접 보여주어야 할 수도 있습니다.

일관성을 가지세요. 부모와 워크숍을 하다 보면 "아이더러 할머니에게 뽀뽀하라고 강요하지 마세요"라는 말에 반발하는 사람이 꽤 있습니다. 아이에게 "너의 몸은 너의 것이야"라고 말하고서 아이가 싫다는데 다른 사람과 뽀뽀나 포옹을 하라고 강요한다면, 아이의 신체 자율권을 빼앗아가는 셈입니다. 설사 상대가 친할머니라 해도 말입니다. 마치 "네 몸에 접촉하려고 하는 사람들 중 일부는 거절해도 되지만 일부는 고분고분히 따라야 해"라는 메시지를 전달하는 거죠. 이런 모순은 아이를 혼란스럽게 하고 원치 않는 관심과 접촉의 위험에 처하게 할 수 있어요. 경계 설정이 명확할 때 아이는 자신의 몸에 주인의식을 가질 수 있습니다. 그럴 때 비로소 자신의 경계가 침범되는 순간 거절할 수 있는 힘도 생깁니다.

아이의 주변 사람들에게 이렇게 말하세요. 우리 가정은 서로 뽀뽀나 포옹 등 스킨십을 할 때 먼저 동의를 구하고, 만약 상대가 거절하면 강요하지 않는다고요. “할머니한테 가서 안아드려”라고 말하는 대신 “할머니 안아줄래?”라고 물어보세요. 일관성과 반복이 무엇보다 중요해요!

이렇게 대화하세요

이 장에서는 신체 경계와 관련된 문제가 발생할 때 어떻게 해야 할지 다양한 사례를 통해 살펴보았어요. 딱히 문제가 될 일이 생기지 않더라도 의도적으로 신체 경계를 화제로 삼는 것이 중요해요. 신체 경계를 설정하는 데 있어 주의할 점은 아이가 수치심을 느끼거나 자기 몸을 나쁘고 부정적으로 인식하지 않게 하는 것입니다. 다음과 같이 말하면 아이가 신체 경계를 지키면서도 자기 몸에 만족감을 느끼도록 긍정적 메시지를 전달할 수 있어요.

"네 몸은 정말 멋진 거야. 게다가 너만의 것이기도 해. 너 자신이나 다른 사람에게 상처를 입히지 않는 한 누구와 어떤 방식으로 접촉할지 네가 결정할 수 있어."

"누가 네게 고통스럽거나 불편한 방식으로 접근하거나 접촉해온다면 그 사람한테 네 기분이 어떤지 바로 말해야 한단다. 그래도 상대가 멈추지 않는다면, 또는 그 사람한테 직접 말하기가 힘들다면 바로 나한테 와서 말하렴. 내가 어떻게든 그 사람을 막아줄 테니까."

핵심 요약

- 경계란 울타리예요. 신체 경계는 자기 몸에 타인이 접촉하는 여부와 그 방식을 설정하는 경계입니다.
- 아이들에게도 자기 몸의 접촉 여부와 그 방식을 스스로

결정할 권리가 있습니다.

- 아이에게 신체 경계 설정의 본보기가 되어주세요. 명확한 어조와 확고한 표현을 써서 아이가 따라할 수 있게 하세요.
- 어른은 아이의 신체 경계를 존중해야 합니다. 아이에게 가족이나 친척을 껴안거나 뽀뽀하라고 강요해서는 안 됩니다. 어떤 신체 접촉이든 마찬가지입니다.
- 실생활에서 일어나는 상황을 신체 경계 학습의 기회로 삼으세요. 그럴 만한 상황이 일어나지 않더라도 아이와 이야기할 때 적극적으로 신체 경계를 화제로 삼으세요.

5장

내 몸 안에는 나만의 경보시스템이 있어요

자신의 기분과 그런 기분이 드는 이유를 인식하는 건 어른에게도 때로 힘든 일입니다. 살짝 우울한 기분이 드는데 왜 그런지 꼭 집어 말할 수 없었던 적이 있나요? 아이들도 마찬가지예요. 이런저런 감정을 느끼긴 하지만 그런 감정의 의미가 무엇인지를 점차 배워가는 중이지요.

혹시 아이에게 혈당 문제가 있다면 제 말을 바로 이해할 거예요. 아무 문제없이 즐거운 시간을 보내다가도 날벼락처럼 천사에서 악마로 변해 소란을 피울 수 있습니다. 하지만 크래커나 스트링 치즈 하나를 입에 넣어주면 곧바로 사랑스러운 아이로 돌아오죠. "왜 배고프다고 말하지 않았니?"라고 물으면 아이는 보통 이렇게 대답할 거예요.

"나도 배가 고픈 줄 몰랐어요." 거짓말이 아니랍니다. 아이도 몸이 이상해지고 배 속이 요동치는 걸 느끼지만 그런 느낌을 '아, 나 배고픈가 보다. 간식을 먹어야겠어'라는 인식과 연결하지 못하고 그냥 짜증스러운 기분대로 행동합니다. 느낌과 인식을 연결하도록 도와주는 것이 부모의 역할입니다. 그래서 아이와 외출할 때 가방 안에 여분의 간식을 갖고 다니는 거죠. 아이가 투정을 부리기 시작하면 "배고프니? 아니면 좀 피곤하니? 잠시 쉴까?" 하고 물으며 이유를 파악하려 하는 거고요. 이와 같은 상황은 아이에게 배고프거나 피곤하다는 느낌과 몸의 연관성을 가르칠 기회가 됩니다. 신체 현상을 아이 스스로 제어할 수 있다는 것도요.

감정에 관해서도 똑같이 이야기할 수 있습니다. 물론 감정의 경우는 좀 더 복잡합니다. 감정은 붙잡거나 만지거나 어디 올려놓고 관찰할 수 있는 게 아니니까요. 감정은 사람이 마음대로 선택해서 느낄 수 없습니다. 어떤 상황에 반응하여 생기거나 때로는 그냥 제멋대로 나타나기도 하죠. 그렇다 보니 알다시피 어른에게도 당황스러울 수 있고 아이에게는 말할 것도 없습니다. 아이가 아직 어리거나 혹은 사춘기에 접어들었다면 더욱 그럴 거예요. 솟구치는 호르몬과 신체 발달로 인해 감정이 온통 혼탁해지는 시기니까요.

불편하게 느껴지는 상황에 처했던 때를 떠올려보세요. 예를 들어 여러 사람과 함께한 식사 자리에서 누군가 부적절한 농담이나 행동을 했던 때가 있겠지요. 밤중에 혼자 길을 걷다가 문득 주변에 아무도 없다는 사실을 깨달았던 때도요. 다른 성인에게서 원치 않는 성적 관심을 받았던 때도 있었을 것입니다. 그럴 때 어떤 기분이 들었나요? 그 기분을 어떻게 표현할 건가요? 쉽지 않은 일입니다. 많은 성인들은 이런 식으로 표현합니다. "그냥 무슨 말이라도 해야 한다고 느꼈어요." "어떻게든 거기서 벗어나야 한다는 생각이 들었어요." 하지만 뭔가 해야 한다는 걸 어떻게 알 수 있을까요? 어떤 행동을 해야 할지는요? 대부분은 과거의 경험에 근거해 판단하지요. 예전에도 비슷한 상황을 겪어봐서 어떻게 해야 할지 알거나, 아니면 친구나 대중매체에서 들은 이야기를 통해 배운 것입니다.

하지만 아이에게는 그런 경험이 없다는 점을 명심해야 합니다. 그러니 "불편한 기분이 들면 그 자리를 벗어나렴"이라고만 말한다면 중요한 지점을 빼먹은 셈입니다. '불편한 기분'이 구체적으로 어떤 것인지 아이에게 이해시켜야 한다는 점을요. 그럼 이제 불편한 기분을 어떻게 설명해주어야 할지, 그리고 불편한 상황에서 어떻게 빠져나와야 할지 단계적으로 알려드리겠습니다.

이렇게 해보세요

아이가 감정을 자기 몸과 연결 짓게 하세요. 아이들도 감정적으로 불편하다고 느낀 경험이 있어요. 예전에 5학년 아이들과 이야기하다가 "혹시 위험한 상황이라고 느낀 적이 있니?"라고 물었더니 다들 고개를 끄덕이더군요. 그래서 다시 물어봤죠. "그런 기분을 네 몸 어디에서 느꼈는지 묻는다면 뭐라고 대답하겠니?" 대부분 배를 가리키거나 심장을 가리키는 아이도 몇몇 있었어요. 저는 아이들에게 이렇게 말해줬답니다. "너희 몸에는 일종의 경보 시스템이 내장되어 있어. 거기에 주의를 기울이는 게 무척 중요하단다. 어떤 상황에서 어떤 신체 부위, 배나 심장에 위험하다는 느낌이 든다면 네 몸이 '당장 그곳에서 벗어나 믿을 수 있는 어른을 찾아가'라고 경고하는 거야."

'불편함'이라는 개념을 아이의 눈높이에 맞춰 설명해주세요. 어린아이는 흔히 '낯선 사람은 위험하다'고 생각합니다. 아이에게 처음 만나는 어른을 소개할 때 그 사람이 무릎을 굽히며 "반가워!"라고 인사하면 아이는 곧바로 당신 뒤에 숨거나 얼굴을 가려버릴 거예요. 당신은 상대에게 "그냥 수줍어서 그래요"라고 말하겠지만, 사실 아이는 불편해서 그러는 것입니다. 새롭고 낯선 사람은 당연히 경계 대상이기 마련이거든요. 이런 불편한 느낌에 관해 아이와 대화를 나누는 게 중요합니다. 어쩌면 이렇게 말해줄 수도 있겠지요. "때로는 네가 아는 사람한테도 그런 느낌이 들 때가 있을 거야. 그 사람이 네게 불편한 말투로 이야기하거나, 네 몸을 만지거나, 뭔가 이상한 방식으로 자기 몸을 만져달라고 할지도 몰라. 불편한 느낌에 주의를 기울이렴. 불편한 사람에게는 '싫어요'라고 말해. 그리고 바로 나나 믿을 수 있는 어른을 찾아가서 무슨 일이 있었는지 꼭 알려주렴."

아이가 어리거나 신경다양성을 지녔다면 시각 자료를 활용하세요. 상담사를 비롯한 의료 전문가들은 아이가 감정과 단어를 연결할 수 있게 보조 자료를 활용합니다. 아이가 발달장애나 신경다양성을 지녔다면 '불편함' 같은 추상적인 개념을 구체화하는 데 더 많은 도움이 필요할 수 있습니다. 보조 자료 중에는 다양한 감정을 나타내는 얼굴 그림도 있습니다. 때로는 아이가 얼굴 그림이나 이모티콘을 보고 그것이 나타내는 감정에 공감할 수도 있습니다. 예를 들어 아이가 찌푸린 얼굴을 가리키면서 "나도 이렇게 느껴요"라고 말한다면 여러분은 "그렇다면 넌 불편한 거구나"라고 말해줄 수 있겠죠.

혹은 아이가 느끼는 감정을 그림으로 그려보라고 할

수도 있어요. 처음에는 "기뻐하는 사람 얼굴을 그려볼래?"라는 식으로 비교적 명확한 감정을 표현하게 하세요. 그러고 나서 불편함이란 어떤 기분인지 설명해주고 불편해하는 사람 얼굴을 그려보게 하는 거예요. 아이가 바로 그림을 그리지 못할 수도 있습니다. 아니면 불편한 감정을 표현하기 위해 사람의 얼굴이 아닌 다른 무언가를 그릴 수도 있고요. 무엇이든 괜찮습니다. 아이는 어떤 식으로든 감정을 표현해 전달하려고 하는 것이고, 당신도 이를 통해 아이의 감정을 이해할 수 있을 것입니다. 보충 설명이 필요한 부분을 파악하고 좀 더 구체적으로 설명해줄 수도 있겠지요.

아이가 시력이 나쁘거나 시각 장애인이라면 시각 자료 대신 불편하게 느낄 만한 가상의 상황을 함께 연기하며 이해를 도와주세요. 하지만 정신적 외상이 생길 수 있는 상황은 피해야 합니다.

이렇게 대화하세요

감정에 관해 대화한다는 건 언뜻 생각하기엔 그리 어렵지 않은 일 같습니다. 긍정적인 감정에 관해 이야기하는 것은 유쾌하고 수월하지만 아이와 부정적인 주제로 대화하려면 긴장이 되기 마련입니다. 충분히 그럴 만합니다. 아이가 불안해하거나 무서워하거나 때론 슬퍼할지도 모를 화제를 꺼낸다는 건 부모로서 가슴 아픈 일이니까요. 하지만 그것 역시 부모의 역할 중 중요한 일부입니다. 불편함에 관한 대화를 회피하면서 아이를 보호하고 폭력을 예방할 순 없습니다. 회피할수록 아이가 취약해지고 불편한 감정이나 폭력에 대처하기 어려워질 뿐입니다.

어떻게 해야 아이에게 겁을 주지 않으면서 불편함을 이야기하고 그런 감정을 폭력 예방과 연결할 수 있을까요? 어쩌면 다음과 같이 말해줄 수도 있을 것입니다.

"살다 보면 정말 기쁠 때도 있지만 슬프고 답답하고 화가 날 때도 있어. '기쁨', '신이 남', '편안함' 같은 긍정적이고 기분 좋은 감정에서 '슬픔', '화가 남', '긴장됨' 처럼 마음에 들지 않고 불쾌한 감정까지 여러 다양한 감정이 있지."

"때로는 이해하기 어려운 감정이 들 때도 있어. 누군가에 대한 불편한 감정 말이야. 뭔가 잘못된 거 같다고 느껴질 때면 굳이 그 느낌이 맞는 건지 옳은 건지 확인할 필요는 없단다. 그리고 그 사람의 기분은 어떤지 알기 위해 애쓰지 않아도 돼. **네가** 그 사람의 말이나 행동이 괜찮지 않다고 느끼는지가 중요하단다. 만약 그렇게 느껴진다면 곧바로 나나 믿을 수 있는 어른을 찾아가서 얘기하렴."

아이에게 신체 장애가 있다면 아이를 위해 더욱 정교한 안전 대책을 마련해야 합니다. 예를 들어 아이가 휠체어를 타고 있다면 불편한 상황이 생겼을 때 그 자리를 바로 벗어나기가 어려울 것입니다. 신체 장애가 있는 아이도 불편한 접촉이 생겼을 때 '싫다'는 표현을 할 수 있도록 연습시켜주세요. 신체적인 도움이 필요한 경우가 많아 접촉이 빈번하게 이루어지기 때문에 경계를 설정하는 것에 어려움을 느낄 수 있습니다. 그렇기에 어릴 때부터 불쾌한 접촉에 대한 가이드와 반복적인 연습이 중요합니다.

핵심 요약

- 감정은 추상적인 개념이라 보거나 만질 수 없습니다. 그러니 개념을 설명하기보다 특정한 감정을 아이가 자신의 신체 부위 중 어디에서 어떻게 느꼈는지 연결 짓게 하세요.
- 가능하다면 아이가 과거의 경험을 통해 자기 몸과 감정을 연결 짓게 하면 더 이해하기 쉽습니다. 하지만 정신

적 외상을 유발할 수 있는 경험은 언급하지 마세요.

- '불편함'은 아이에게 표현하기 어려운 감정일 수 있어요. 아이가 자신의 경험을 특정한 감정과 (궁극적으로 불편함과) 연결 지어 파악할 수 있도록 다양한 시각 자료를 활용하거나 아이에게 직접 그림을 그려보게 하세요.

6장

존중과 동의를 가르쳐요

존중과 동의는 신체 자율권이나 자존감과 관련된 매우 중요한 개념입니다. 아이가 누군가에게 이용당하거나 다치는 걸 막아줄 뿐만 아니라 아이 스스로도 누군가를 이용하거나 다치게 하지 않도록 막아주는 개념입니다. 이 두 가지는 서로 연결되어 있지만 별개의 개념인 만큼 따로 또 같이 설명하고 논의해야 합니다.

존중이란 주관적인 개념입니다. 의미가 사람에 따라 다를 수 있고 상황에 따라서도 달라질 수 있습니다. 성인들 대부분은 존중이 구체적으로 무엇인지보다는 존중받지 못하는 상황을 인식하기가 더 쉬울 거예요. 마치 연애 경험과 비슷하죠. 흔히 이렇게들 말합니다. "사랑이 무엇인지 설명할 수는 없지만 그걸 느낄 때면 바로 알 수 있어."

상대방이 여러분을 존중한다고 느끼거나 완전히 무시했다고 느낀 적이 있나요? 그 사람이 어떤 말과 행동을 해서 (혹은 하지 않아서) 그렇게 느낀 건가요? 대답은 각자 다를 거예요. 존중의 의미는 사람에 따라 크게 달라질 수 있으니까요.

동의란 좀 더 구체적이지만 역시 실재하지 않는 추상적인 개념입니다. 우리가 다른 사람에게 주거나 주지 않는 무언가예요. 요청하면 받을 수도 있지만 받지 못할 수도 있죠. 상대에게 안아달라는 요청을 하거나 요청받을 때, 아니면 뭔가를 빌려달라고 요청할 때처럼요. 여기서 중요한 지점은 상대가 뭔가에 동의하지 않았다면 나도 그의 의사를 따라야 한다는 것입니다. 이것이 바로 사람들이 서로 존중을 표현하는 방식이자 동의와 존중이 연결되는 지점이지요.

이렇게 해보세요

존중받고자 한다면, 존중해야 한다. 아이들에게 존중이 무엇인지 알려줄 때 매우 유용한 원칙이 있습니다. 바로 보편적인 도덕 원칙, 황금률입니다. "내가 대우받고 싶은 것처럼 다른 사람을 대우하라." 이것은 아이에게 존중을 확실하고 구체적으로 이해할 수 있게 도와줍니다.

아이가 아직 어리다면 충동 조절 능력이 모자랄 수 있습니다. 다시 말해 몇 번이고 반복해 일러주어야 합니다. 아이가 원칙을 알면서도 무시했을 때 생길 수 있는 결과도 함께요. 아이에게 이것을 가르치는 건 아이뿐만 아니라 다른 사람들의 안전을 위해서이기도 합니다. 예를 들어 당신의 아이가 다른 아이를 밀치거나 때린다면 얼른 행동을 저지하고 이렇게 얘기하세요. "누가 널 때리면 어떤 기분이 들 것 같니? 기분이 좋을까? 아니잖아. 다른 사람도 마찬가지야. 그러니 너도 다른 사람을 때려서는 안 돼." 아이는 이렇게 내가 경험했던 것을 직접 빗대어 설명할 때 쉽게 이해합니다.

아이의 행동을 결과와 연결시키세요. 아이에게 떠밀리거나 맞은 아이가 다쳤거나 울음을 터뜨렸다면 네 행동이 상대를 슬프고 아프게 했다는 걸 확실히 설명해줘야 합니다. 아이를 혼쭐내주거나, 망신을 주기 위해서가 아닙니다. 나의 행동에는 결과가 따른다는 걸 가르치기 위해서입니다. 아이가 **자신을 나쁜 사람**이라고 느끼는 것이 아니라 **자신의 행동이 나빴다**고 느끼는 게 중요해요. 그러면 다시는 기분 나빠질 행동을 하고 싶지 않을 테니까요.

앞선 사례에서는 아이가 밀치거나 때린 아이가 울고 있다는 점에 주목해서 대화를 시작할 수 있습니다. 아이에게 "왜 저 아이가 울고 있을까?"라고 물어보세요. 아이가 "모르겠어요"라고 대답한다면(사실은 알지만 부끄럽고 민망해서 이렇게 말하는 경우가 많아요. 그 순간에는 충분히 그럴 수 있죠. '왜 몰라?'라고 윽박지르지 마세요) 이렇게만 말하세요. "너가 밀쳐서 넘어지고 무릎을 다쳐 우는 거잖니. 남을 다치게 했을 때는 어떻게 해야 하지?" 아이가 대답하지 않는다면 대신 말해주세요. "미안하다고 말해야지." 그리고 아이가 확실히 사과하게 하세요.

이런 상황을 겪은 뒤에는 '대우받고 싶은 것처럼 다른 사람을 대우하라'는 도덕 원칙을 재차 강조하는 것도 좋겠죠. 존중의 개념을 설명해줄 기회입니다. 이런 식으로 말이에요.

"명심하렴. 누가 널 밀치거나 때리면 속상하고 슬프겠지. 그러니 너도 남을 밀치거나 때리면 안 돼. 네가 대우받고 싶은 것처럼 다른 사람을 대우하는 것을 '존중'이라고 한단다. 사람들을 존중하는 건 무척 중요한 일이야. 그래야 사람들도 너를 존중해줄 테니까."

'동의'와 '허락'을 연결시키세요. 아이에게 동의를 가장 쉽게 설명하는 방법은 '허락'과 연관 짓는 것입니다. 이번에도 가능한 한 아이의 일상생활 속 사례를 들어 설명하세요. "네가 숙제를 다 끝내지 않고 친구 집에 놀러가도 될지 물어봐서 내가 안 된다고 말했던 때 기억나니? 네가 어떤 일을 하려고 동의를 구했는데 내가 동의하지 않은 셈이지. 동의란 허락을 하거나 하지 않는 것과 비슷하지만 많은 경우 너의 몸과도 관계가 있어. 내가 너한테 '안아도 되니?'라고 물었는데 네가 '싫어요'라고 대답했다면 넌 내가 안는 걸 허락하지 않은 거야. 동의하지 않은 거지. 그러면 나는 너가 동의하지 않았으니 너를 내 맘대로 안지 않을 거야."

동의는 쌍방향이라는 점을 강조함으로써 황금률을 되새기게 하세요. 누구나 동의를 하거나 하지 않을 권리가 있는 만큼 상대에게도 먼저 동의를 요청해야 합니다. 관건은 상대가 동의를 하지 않았다면 그 의사를 받아들여야 한다는 거예요.

이렇게 대화하세요

앞에 제시한 사례는 아이가 다른 아이의 경계를 존중하지 않은 상황을 접했을 때 어떻게 대응해야 할지 보여주는 것이기도 합니다. 그런 상황을 통해 아이가 존중과 동의를 배우게 하세요.

다른 주제가 그랬듯이 동의와 존중도 여러분 쪽에서 적극적으로 제시하는 것이 중요합니다. 아이가 살아가며 부딪히는 상황들을 최대한 활용해 동의와 존중을 가르치세요. 매우 다양한 방법이 있겠지만 참고가 될 사례를 두 가지만 제시해보겠습니다.

"오늘 너희 담임 선생님이 너랑 반 친구들에게 도움을 많이 받았다고 말하시더구나. 네가 선생님을 존중한다는 걸 보여드리는 데 그보다 더 좋은 방법도 없지. 누구나 자기가 존중받는다고 느끼면 행복해지거든!"

"아까 고모가 놀러와서 가기 전에 너한테 안아달라고 했잖아. 네가 '죄송하지만 싫어요'라고 대답했는데도 그냥 널 껴안았지. 그때 기분이 어땠니? 네가 접촉에 동의하지 않았는데도 상대가 접촉을 한다면 '싫다고 말했잖아요'라고 해야 해. 만약 누군가 네 성기나 가슴, 엉덩이를 만진다면 무조건 '그만해요!'라고 말한 다음 나한테 와서 꼭 얘기하렴."

핵심 요약

- 동의와 존중은 서로 다른 개념이지만 긴밀하게 연결되어 있습니다. '허락'과 연결된 사례를 통해 동의와 존중에 대해 알려주세요.
- 상대방을 존중하는 태도는 그 사람을 기분 좋게 하고 안전하게 느끼도록 한다는 걸 아이들이 이해해야 합니다. 머리로는 이해하기가 어려워요. 같은 상황에서 직접 눈으로 보거나 체험하게 도와주세요. 누군가를 만져도 된다는 허락, 즉 동의를 받지 못했다면 만져서는 안 된다는 것도요.

- 아이에게는 다른 사람이 자기 몸과 경계를 존중해줄 거라고 기대할 권리가 있어요. 아이에게 누군가가 나의 경계를 침범했다고 느낀다면, 특히 그 사람이 아이의 성기나 가슴이나 엉덩이를 만졌다면 바로 당신이나 믿을 수 있는 어른을 찾아가서 말하라고 하세요.

7장

"싫어요"라고 말하는 연습

아이에게 언제 어떻게 "싫어요"라고 말해야 하는지 이해시키기란 쉬울 것 같지만 사실은 어려운 일입니다. '싫어요'라는 말은 상황에 대한 통제력이 나에게 있다는 선언입니다. 하지만 실제로 아이가 어떤 상황에서든 '싫어요'라고 말해도 되는 건 아닙니다. 어떻게 하면 아이가 뭔가를 거부해도 괜찮을 때와 그러면 안 될 때를 구분할 수 있을까요? 그리고 상대가, 특히 아이보다 더 큰 힘과 권한을 지닌 어른이 과연 아이의 거부를 존중해줄까요?

사실 어린아이들은 "싫어요"라는 말을 입에 달고 살죠. 아기에게 숟가락으로 이유식을 떠먹이려고 하면 배가 부르다거나 그냥 먹기 싫다면서 고개를 홱홱 내젓잖아요. 걸

음마를 시작한 뒤에도 씻기거나 잠자리에 눕히려고 하면 "싫어, 안 잘 거야"라면서 조금만 더 놀게 해달라고 하죠. 식탁 아래 숨거나 방바닥에 벌렁 드러누워서 당신이 우주 최악의 엄마 아빠라는 기나긴 독백을 오스카상 후보가 될 만큼 그럴싸하게 늘어놓기 시작해요. 십 대 청소년은 또 어떻고요. 이제 스마트폰은 그만하고 자라고 말하면 갑자기 내일 꼭 해가야 할 과제가 생각났다면서 인터넷을 더 써야 한다는 거예요. 아이의 거부를 받아들여야 할 때도 있고, 안 된다고 부모가 지시하거나 요청한 대로 따르라고 타일러야 할 때도 있습니다. 혹은 아이와 협상을 해야 할 때도 있어요. 이럴 때 부모 노릇이란 흔히 고역스러운 일이 되곤 하지만, 협상은 아이가 권한과 통제력, 자립심을 배우는 중요한 기회가 됩니다.

아이가, 특히 어린아이가 어른에게 "싫어요"라고 말해도 될 때와 안 될 때를 스스로 결정하기란 쉽지 않아요. 여러분은 어른인 만큼 상황을 이해하고 분석하며 필요한 경우 행동에 나설 수 있지만, 아이는 아직 그런 능력과 요령을 터득해가는 중이니까요. 게다가 아이인 만큼 자기 의사를 표명한다고 항상 실현되는 것도 아니기 때문에 아이에게 판단은 어려울 수밖에 없습니다.

여기서 중요한 것은 어른에게 "싫어요"라고 말해도 되는 상황을 아이의 신체 경계와 연결시켜주는 것입니다. 바로 그것이 부모로서 여러분의 역할이자 이 장의 역할이기도 하죠.

이렇게 해보세요

아이가 자기 몸을 불쾌한 방식으로 건드리는 어른이나 다른 아이에게 "싫어요"라고 말할 수 있게 하려면 다음의 실천 사항들이 유용할 거예요.

아이와 역할극을 해보세요. 3장에서 언급했듯이 역할극을 통해 아이에게 대처 방법을 가르칠 수 있습니다. "싫어요!"나 "그만해요!"라고 말한 다음 그 자리에서 벗어나

믿을 수 있는 어른에게 가서 방금 있었던 일을 알리는 것입니다. "싫어요!"나 "그만해요!"라는 말은 최대한 크고 강하게 외쳐야 한다는 것도 알려주세요. 아이에게 부적절하게 행동하는 어른을 연기해보라고 하세요. "팬티 좀 벗어볼래?"라는 대사를 시킬 수도 있습니다. 아이가 그런 대사를 하고 나면 아이의 눈을 들여다보며 단호하게 "싫어요!"라고 말한 다음 일어나서 달아나세요.

그러고는 돌아와서 아이에게 방금 여러분이 어떻게 했는지, 그걸 보고 어떻게 느꼈는지 말해보라고 하세요. 아이에게 다시 한번 역할극을 해보자고, 다만 이번에는 여러분이 나쁜 어른이 되고 아이가 자기 자신이 될 거라고 말하세요. 당신이 "엉덩이 좀 만져도 되겠니?"라고 물으면, 아이는 방금 여러분이 보여준 것만큼 단호하게 대꾸한 다음 달아나야 합니다. 아이의 "싫어요!"가 충분히 단호하게 들리지 않는다면 되풀이하게 하세요. 아이에게 원치 않거나 불쾌한 접촉에는 무조건 단호하게 싫다고 말해야 한다고 일러주세요. 성기나 가슴, 엉덩이가 아닌 다른 부위에 대해서도요.

아이에게 너를 부적절하게 건드리거나 부적절한 행동을 하는 사람한테는 말대꾸를 해도 혼나지 않는다고 확실히 일러주세요. 교활한 어른이나 청소년들은 이런 식으로 아이를 속이려 합니다. “이 일을 얘기하면 너만 혼나게 될걸. 너희 부모님도 너한테 화를 내고 널 미워할 거야.” 그래서 아이들이 폭력이나 불편한 접촉을 당하고서도 말하지 못하는 경우가 많습니다. 어른이든 청소년이든 또래든 간에 누군가 너를 부적절하게 만지는 것 같다면 말대꾸를 하고 싫다고 말해도 괜찮다고 아이에게 단단히 일러주세요. 그리고 무슨 일이 생겼든 간에 너를 혼내지 않을 거라고 강조하세요.

필요하다면 혼란스러운 지점을 명확히 설명해주세요. 아이에게 평소에는 당신을 비롯해 주변 어른들의 말을 존중하라고 가르치세요. 아이는 지금 어른을 통해 세상을 살아가는 법을 배우는 중이니까요. 하지만 누군가가, 설사 어른이라도 불쾌한 접촉을 하거나 남이 건드리면 안 된다고 배운 신체 부위를 건드린다면 단호하게 거부해도 된다고

말하세요. "싫어요!"라고 말한 다음 믿을 수 있는 어른에게 가서 무슨 일이 있었는지 이야기해야 한다고요. 아이에게 분별력을 키워주기 위해서 명확하게 말하는 것이 중요합니다.

이렇게 대화하세요

아이에게 무슨 일이 일어나거나 불편한 상황이 생겼을 때 여러분이나 다른 어른에게 가서 알려야 한다는 점에 대해 더 이야기해봅시다. 아이에겐 어느 정도 부모의 지도가 필요한 부분입니다. 역할극이 매우 요긴할 거예요.

가장 먼저 해야 할 일은 아이에게 당신 말고 찾아갈 만한 어른이 누구일지 물어보는 거예요. 그 사람에게 뭐라고 말할 것인지도 물어보세요. 당신을 그 사람이라 생각하고 누가 자기를 불편한 방식으로 만졌다는 내용을 이야기해보라고 하세요. 그러면 아이가 본능적으로 알아서 할 거예요. 아이의 이야기가 그런 상황에서 다른 어른에게 말할 수 있고, 또 말해야 할 적절한 내용이었다면 잘했다고 칭찬해주세요. 아이가 역할극을 불편해하거나 어떻게 해야 할지 모른다면 괜찮다고 말해준 다음 그런 상황에서 아이가 할 수 있는 일들을 아래와 같이 제시해주세요.

"[믿을 수 있는 어른의 이름]에게 가서 중요한 이야기가 있다고 말하렴. 만약 학교처럼 다른 사람들도 있는 곳이라면 둘이서만 이야기하고 싶다고 하렴."

"무슨 일이 있었는지 말할 때는 우리가 집에서 이 문제로 대화할 때 쓴 말들을 사용해서 하는 거야. 누가 네 음부/음경/성기를 건드렸다면 정확히 그렇게 말하렴. 너를 다른 방식으로 불편하게 했다면 어떤 방식이었는지 말하면 돼. 그리고 나(혹은 다른 부모나 양육자)한테 전화해 달라고 부탁드려. 내가 곧바로 널 데리러 갈 테니까."

"어른에게 말해야 하는 건 내가 데리러 갈 때까지 네가 안전한 곳에서 편안하게 나를 기다리기 위해서야. 그 어른이 네 이야기를 믿지 않거나 진지하게 받아들이지 않는다면 다른 어른에게 가서 말씀드리렴. 하지만 난 무조건 네 말을 믿을 거야."

핵심 요약

- 아이들의 경우 어떤 상황에서 누구에게 "싫어요"라고 말해도 될지 더욱더 일관성이 없다는 점을 명심하세요. 아이는 혼란스러울 수 있어요. 여러분이 명확하게 표현해야 아이가 한층 더 쉽게 이해할 수 있습니다.
- 아이가 해야 하는 말("싫어요!" "그만해요!" "이러지 마요!") 뿐만 아니라 그런 말을 **어떻게 해야 하는지도 시범을 보이세요.** 소극적으로도 해보고, 단호하게도 해본 후 아이에게 시범을 보인 것 중에 어떤 것이 효과적이었다고 생

각하는지 물어보세요.

- 아이가 완강하게 "싫어요!"라고 말해야 하는 상황을 역할극으로 함께 연기해보세요. 뽀뽀하기 싫다든지 간지럽히지 말라든지 하는 단순한 상황도 괜찮아요. 아이가 원치 않는 모든 접촉에 "싫어요"라고 말할 수 있으며 그런 의사를 존중받을 권리가 있다고 확실히 알려주세요.
- 어떤 상황이든 나는 네 곁에 있을 거라고 거듭 말해주세요. 나는 무조건 너를 믿고 지지해줄 거라고요.

8장

동감은 존중을 이해하는 열쇠입니다

살다 보면 "나도 공감해"라는 말을 하거나 듣게 됩니다. 비슷한 말도 있습니다. "나도 **동감해**"라는 말을 하거나 들은 적이 있나요? 공감과 동감의 차이는 대체 뭘까요? 그리고 동감이 신체 경계존중과 무슨 상관이 있을까요?

누군가에게 '공감'한다는 건 그 사람이 속상하거나 힘들어하는 걸 인식하고 연민을 느끼는 것입니다. 그 사람은 가족을 잃었을 수도 있고 넘어져서 아픈 것일 수도 있겠죠. 하지만 그 사람의 부정적인 경험을 이해하기 위해 꼭 여러분이 상실을 겪거나 넘어질 필요는 없습니다.

반면 누군가에게 '동감'하는 건 그 사람과 비슷한 경험을 한 적이 있어서예요. 그 사람처럼 똑같이 할아버지를

떠나보내진 않았더라도 친구를 잃은 적이 있다면 그런 경험이 얼마나 슬픈지 알겠지요. 당신은 그 사람의 상실감을 정확히 모르고 그 사람도 당신의 상실감을 정확히는 몰라요. 하지만 당신과 그 사람에게는 사랑하는 이를 잃는 일이 얼마나 슬픈지 안다는 어느 정도의 공통분모가 있는 것이지요. 이런 경우 당신은 그 사람과 동감한다고 할 수 있어요.

공감과 동감의 차이를 아는 것이 어째서 중요할까요? 동감은 어린아이들에게 존중을 이해하게 하는 열쇠가 되거든요. 존중이 무엇인지 이해해야 다른 사람의 신체 경계 또한 존중할 수 있습니다.

아이들은 원래 후환이 두려워서라도 남을 다치게 하지 않으려고 해요. 예를 들면 이런 식이죠.

부모: 너 때문에 동생이 울잖니. 어때, 속상하지?

아이: (속으로 '아니, 하나도 속상하지 않아. 그냥 쟤가 내 장난감에 온통 주스를 흘려서 밀친 것뿐인데, 뭐'라고 생각하지만 미적미적 이렇게 말한다.) 네…….

아이가 어떤 감정을 느껴야 하는지 설명하려 하지 말고 아이가 겪었던 실제 경험과 그로 인해 느꼈던 감정을 연결 지어주세요. 아이는 추상적인 것을 인식하기 어려워하기 때문입니다. 직접 겪었던 것과 감정을 연결해야 아이는 비로소 알 수 있어요. 아이가 슬픔, 아픔, 불안, 두려움 등 부정적인 감정의 경험에 동감한다면 다른 사람에게 그런 감정을 느끼게 하지 말아야겠다는 이해까지 도달할 수 있을 것입니다.

즉 아이가 동감할 수 있게 되면 다른 사람의 신체 경계도 존중하게 돼요. 혼날까 봐 두려워서가 아니라 그렇게 하는 게 옳은 일이라고 인식하기 때문이죠. 앞서 언급한 도덕적 황금률로 돌아가 보자면, 이런 생각을 할 수 있게 되는 거예요.

'나도 기분 나쁜 감정이 얼마나 힘든지 알아. 나도 겪어봤어. 그러니 다른 사람도 그런 감정을 느끼지 않았으면 좋겠어.'

이렇게 해보세요

동감은 남에게 배울 수 있는 것이 아니에요. 하지만 동감하는 마음을 불어넣을 수는 있지요. 다음 방법들을 시도해보세요.

다른 사람을 존중하는(혹은 무시하는) 행동의 예시를 들어주세요. 실제 사례는 아이의 이해를 돕습니다. 아이의 일상생활과 직결된 사례라면 더욱 그렇지요. 예를 들어 할머니가 아파서 반찬을 만들어 가져다드리기로 했다고 해봐요. 당신이 왜 그렇게 하는지, 남을 위해 좋은 일을 하면 기분이 어떤지 아이에게 설명해주세요. 이런 식으로 행동을 감정과 연결시킬 수 있답니다. 남을 위해 좋은 일을 해서 기분이 좋아진다면, 남을 무시하거나 다치게 했을 때는 기분이 나빠지겠죠.

아이가 다른 사람을 위해 좋은 일을 했다면 칭찬해주세요. 아이는 아직 미숙한 만큼 자기중심적인 것이 지극히 정상입니다. 아이의 우주는 자신을 중심으로 흘러가기 마련이에요. 그러니 아이가 자신 말고 타인도 생각할 수 있도록 돕는 것은 부모의 필수 역할입니다.

제 아이가 다섯 살쯤 되었을 때 아동극을 보러 시내에 데려간 적이 있어요. 아이와 함께 자리에 앉았는데 다른 부모들이 아이들을 데리고 우르르 몰려 들어오며 서로 반갑게 인사하더군요. 그중 한 사람이 대화에 몰두한 사이에 그 사람의 아기가 아장아장 문까지 걸어가지 뭐예요. 제가 뭐라고 말하기도 전에 제 아이가 일어나더니 아기한테 달려가 살며시 손을 잡고 부모에게 도로 데려다주었어요. 제 곁으로 돌아와 앉은 아이의 얼굴에 함박웃음이 떠올라 있더군요. 자기가 다른 사람에게 좋은 일을 했다는 걸 알았기 때문이죠. 저는 아무것도 안 했는데 아이가 알아서 자신의 행동과 감정을 연결 지은 거예요. 저는 아이에게 참 멋졌다는 칭찬을 아끼지 않았죠.

아이가 남을 다치게 했다면 그 상황을 쪼개어 설명해주세요. 아이가 어릴수록 상황을 세세히 쪼개어 설명해주어야 해요. 신경다양성을 지닌 아이라면 더욱 그렇지요. 여러분의 아이가 다른 아이를 때리거나 밀치거나 어떤 식으로든 신체 경계를 지키지 않아서 울게 됐다면 아이가 상황을 제대로 이해하고 있는지 다음의 질문들을 하며 확인해 보세요.

- 아이가 왜 울고 있을까?
- 아이의 기분이 어떨 것 같니?
- 너의 어떤 행동 때문에 그런 걸까?
- 너도 그런 기분을 느낀 적이 있니? 그럴 때 어땠니?
- 네가 지금 이 아이에게 좋은 친구가 되려면 어떻게 해야 할까?
- 앞으로 같은 상황이 생긴다면 어떻게 해야 할까?

아이의 불친절한 행동에 대한 속상함을 표현하세요. 아이들은 때로 실수를 할 수 있어요. (놀랍게도 어른들도 그렇답니다!) 길에서 친구를 만나 반가운 마음에 인사하러 달려가다가 적절한 순간에 속도를 늦추지 못해서 서로 충돌하기도 해요. 이런 경우에도 앞서 제시한 질문들을 아이에게 물어보는 게 중요해요. 하지만 만약 여러분의 아이가 일부러 다른 아이를 다치게 했다면 그로 인해 당신이 어떤 감정을 느꼈는지도 말해주세요. 아이는 당신의 의견에 무척 신경을 쓰거든요. 나이가 어릴수록 더욱 그렇습니다. 아이의 행동에 대해 '나 전달법'을 활용해 부모의 감정(속상함, 실망스러움 등)을 밝히되, 그 행동을 한 인간으로서의 가치와 연결 짓지는 마세요. 이런 식으로 말할 수 있겠죠. "네가 다른 사람에게 부탁할 때 어떻게 해야 하는지 아는 줄 알았는데, 동생이 장난감을 빌려주지 않는다고 때리다니 엄마는 속상했단다."

상황에 맞는 어조로 이야기하세요. 아이가 다른 사람의 신체 영역을 무시하고 행동해서 꾸짖더라도 목소리는 높이지 마세요. 아이가 위험해서 즉각 다치지 않게 막아야 하는 상황이 아니라면 말예요. (사실 저도 **당연히** 아이가 어렸을 때는 목소리를 높여 꾸짖은 적이 있답니다. 하지만 제 말은 부모로서 완벽해지라는 게 아니라 최대한 차분히 이야기하려고 노력하라는 것입니다.) 아이는 몇 살 때든 항상 난감한 상황에 대처하는 당신의 태도를 지켜보고 있다는 걸 명심하세요. 이 책의 앞부분에 언급했듯이 아이는 당신이 말하는 내용 자체보다 어조에 먼저 반응합니다. 아이가 다른 아이를 다치게 했다고 발끈하기보다 아이의 눈높이에 맞춰 타이르세요. 아이의 눈을 들여다보며 눈맞춤을 하고 목소리를 낮추세요. 차분하지만 단호하게 이야기하세요. 아이에게는 소리 지르며 꾸짖는 것보다 그런 태도가 훨씬 더 효과적입니다. 큰소리를 내면 아이가 겁을 먹어 정작 당신이 가르치려고 하는 내용을 듣지 못합니다.

이렇게 대화하세요

동감에 관해 대화하기란 동감을 이해하는 것만큼 어려운 일이에요! 많은 사람들은 전형적인 성별 이분법에 따라 남자아이의 감정 표현보다 여자아이의 감정 표현을 더 많이 언급하고 더욱 관대하게 대합니다. 하지만 아이들은 성별과 관계없이 자신의 감정에 귀 기울이고 언어로 감정을 표현하도록 격려해야 합니다. 감정 표현은 동감 형성에 필수이고 동감 형성은 타인을 존중할 수 있게 되는 데 꼭 필요하거든요.

아이와 동감에 관해 어떻게 대화를 시작할 수 있을지 예를 들어볼게요. 감정을 표현하며 같은 감정을 느끼는 동감까지 연결하는 거예요.

"오늘 정말 즐거워 보이는구나. 웃고 있는 걸 보면 알 수 있거든. 기분이 좋니? 뭐가 그리 기분 좋니? 엄마한테도 알려줘."

"슬퍼 보이는 사람을 본 적이 있니? 그 사람이 슬프다는 걸 어떻게 알지?"

"이상하게도 오늘 살짝 우울하네. 우울할 이유도 없는데 말이야. 뭐랄까, 그냥 기분이 좀 그래. 너도 이런 적이 있니? 그럴 때 뭘 하면 기분이 나아지니?"

핵심 요약

- 동감 또한 하나의 추상적인 개념이에요. 아이에게 어떻게 행동하면 동감을 형성하고 표현할 수 있는지 이야기해주되, 동감이라는 단어를 설명하려고 하지는 마세요.
- 바람직한 행동을 했다면 칭찬해주되 과잉 반응하진 마세요. 아이가 좋은 일을 했거나 남을 배려하는 태도를 보였다면 그 행동을 짚어주면서 네가 자랑스럽다고 칭찬해주세요.
- 마찬가지로 다른 사람을 무시하거나 상처 입힐 수 있는 행동을 했다면 그 행동을 짚어주며 당신의 마음이 속상했음을 명확하게 표현하세요. 아이에게 넌 더 잘할 수

있다고, 정말로 그렇다는 걸 보여달라고 격려하세요.

- 감정을 성별화하지 마세요. 아이는 성별과 관계없이 다양하고 강렬한 감정에 휘말릴 수 있어요. (사춘기에 이르면 더욱 그렇죠. 단단히 각오하세요!) 아이가 어떤 감정을 느끼든 정상적인 현상이라고 일러주되, 그 감정을 남을 다치게 할 수 있는 물리적 충돌로 표출하는 대신 스스로 감정을 다스릴 수 있다고 알려주고 방법을 가르쳐주세요.

9장

아이가 설정한 경계선을 존중하세요

저 역시 어린 시절 여러 번 모순에 부딪힌 기억이 납니다. 아이들은 이렇게 저렇게 행동해야 한다면서 어른들은 반대로 행동하는 상황 말이죠. 왜 어른들은 다 깨어 있는데 나만 자러 가야 하냐고 물으면 "난 어른이고 넌 어린아이니까"라거나, 심지어 "엄마가 그러라고 했지!"라는 대답도 들어야 했죠. (여러분이 아직까지는 아이에게 "내가 그러라고 했지!"라고 대답한 적이 없더라도, 언젠가는 그렇게 될 거예요. 그런 날이 오면 여러분을 키워준 분에게 연락해서 여러분도 똑같아졌다고 알려주세요. 제 어머니도 그 얘길 듣고 무척 즐거워하셨거든요.)

만약에 그때 어른들이 이렇게 말해줬더라면 어땠을까요? "넌 지금 자러 가야 한단다. 넌 아직 어리고 몸이 자라는 중이라 나보다 더 많이 자야 하거든." 아이의 질문에 정직하고 성실하게 대답해주면 차분한 상황을 유지할 수 있습니다. 정말로 필요하다면 강력하게 명령하듯 말해야 할 때도 있겠지만 그런 태도가 기본이어서는 안 되겠죠. 당신이 아이에게 하는 말과 행동이 일치한다면 아이도 그 사실을 알아차립니다. 마찬가지로 말과 행동이 불일치하는 경우 역시 아이는 다 인식하고 있어요. "엄마가 뭐라 하든 시킨 대로 해!"라는 태도는 아이들에게 먹히지 않는답니다. 이는 경계선 설정과 존중에 관해 이야기할 때 특히 중요한 지점입니다.

명심하세요. 아이에게 "너의 몸은 너의 것이야"라고 **말하는 것**만으로는 충분하지 않습니다. 그 사실을 **보여주어야** 합니다. 아이의 몸을 아이 마음대로 하지 못하게 해야 할 때가 만약 있다면 그 이유를 설명하고 최대한 타협안을 제시해야 합니다. (일일이 설명하는 것이 귀찮을지도 몰라요. 하지만 매우 중요합니다. 아이에게 내 몸의 주인은 나라는 것을 실제로 '알게' 하기 위해서는요.)

예를 들어 네 살밖에 되지 않은 아이가 혼자서 몸을 씻고 싶어 한다면 어떨까요? 당신도 아이가 신체 자율권을 누리길 바라지만, 아무래도 현실적으로 안전과 위생 문제가 존재하지요. 그렇다고 해서 "안 돼, 넌 아직 너무 어려"라고 대답할 게 아니라 이렇게 말해주는 편이 좋겠죠. "네가 내 도움 없이도 알아서 잘 씻을 수 있다는 거 알아. 하지만 네가 무사한지 확인해야 하니까 네가 씻고 있는 동안 내가 저쪽에 앉아서 지켜보고 있을게. 그리고 다 씻고 나서 비눗기가 남아 있지는 않은지 확인해줄게."

아이가 좀 더 나이를 먹고 스스로 몸을 씻어야 할 때가 오면 부모는 아이가 혼자서 목욕하는 시간을 존중해주어야 합니다. 이따금씩 욕실 문을 두드리고 별일 없는지 확인하거나, 욕조에 있는 아이가 듣고 대답할 수 있을 만큼 문을 빠끔히 열어놓는 것으로 충분해요.

단순히 아이의 사생활을 넘어서, 아이 스스로 설정한 경계선이 존재한다는 것을 이해하고 그 경계선을 존중해야 합니다. 섭섭한 감정이 든다 해도 말이에요. 부모에게 신체적인 애정 표현을 하지 않는 아이들도 있으며 그렇다고 해서 문제가 될 건 전혀 없답니다. 신체적인 애정 표현을 선호하는 부모에게는 힘든 상황이겠지만요. 그렇다고 해서 "네가 뭐라던 신경 안 써. 어쨌든 난 널 안아줄 거니까!"라는 식으로 나와서는 결코 안 됩니다. 당신에게 아이의 바람을 무시할 권리가 주어진다면 아이는 다른 어른들에게도 그럴 권리가 있다고 생각하게 됩니다. 성폭력 예방을 위해 아이가 배워야 할 것과는 정반대의 인식이죠.

아이가 포옹을 좋아하지 않는다면 다른 신체 접촉은 괜찮은지 물어보세요. 혹시 보셨을지 모르겠지만, 아이들이 인사 방식을 선택할 수 있도록 교실 입구에 도표를 걸어놓은 초등학교 교사의 유튜브 영상이 있습니다. 아이들은 도표에서 포옹, 하이파이브, 몸 흔들기, 손만 흔들기, 그냥 들어가기 등 각자 선호하는 방식을 교사에게 요청할 수 있지요. 아이가 특정한 신체 접촉을 꺼린다면 대안이 될 접촉 방식을 제시해주세요.

설사 아이가 전혀 신체 접촉을 원치 않는다고 해도 아이에게 섭섭함을 드러내선 안 됩니다. 언젠가 공항에서 한 어른이 어린아이를 껴안고 장난스럽게 "아빠한테 뽀뽀해주렴"이라고 말하는 걸 들었습니다. 아이가 "싫어요"라고 대답하자 그는 잉잉 우는 흉내를 내면서 "아빠한테 뽀뽀도 해주기 싫으니?"라고 말하더군요. 하지만 여기서 여러분이 명심해야 할 사항이 있습니다. **아이에게 놀이는 현실을 반영합니다.** 앞 장에서 아이는 당신의 의견에 무척 신경을 쓰고 실망시키는 것을 꺼린다고 말했던 걸 기억하시죠? 당신이 아이 때문에 슬퍼진 척한다면 아이는 당신을 기쁘게 해주기 위해서 뭔가 다른 일을 해주려고 할 겁니다. 만약 아이와 함께 있게 된 교활한 어른이나 청소년이 아이를 착취하려고 그런 짓을 한다면 어떻게 될까요? 무슨 말인지 아시겠죠.

이렇게 해보세요

신체 접촉에 앞서 항상 아이의 의사를 확인하세요. 아이가 한 번 포옹을 허용했다고 해서 매번 포옹해도 좋다는 뜻으로 받아들이면 안 됩니다. 마찬가지로 아이가 한 번 포옹을 거부했다고 해서 무조건 포옹하기 싫다는 건 아니에요. 다음번에 다시 물어보면 다른 대답이 나올 수도 있습니다. 하지만 또다시 거절당한다 해도 상관없어요. 당신이 원하는 건 아이가 당신이 선호하는 방식의 신체적 애정 표현을 해주는 것이 아니라, 아이가 어떤 상황에서든 자신의 타당한 권리인 신체 자율권을 올바르게 행사하는 것이니까요. 그러므로 아이가 스스로 설정한 신체 경계를 존중해야 합니다. 아이 쪽에서도 당신의 신체 경계를 존중해주길 바라고 기대하듯이 말이에요.

아이가 그만하라고 하면 멈추세요. 때로는 몸 놀이, 격투 놀이, 간지럽히기 등이 과격해진 나머지 아이가 겁을 먹거나 심지어 다치는 경우도 있습니다. 아이에게 혹시 놀이를 하다가 중단하고 싶다면 “그만이요”나 “멈춰요”라고만 말하라고, 그러면 바로 멈출 거라고 말해주세요. **그리고 실제로 아이가 그렇게 말하면 바로 멈추세요.** 모순은 신체 자율권의 가장 큰 적이며 아이를 학대와 폭력에 한층 더 취약하게 만듭니다.

아이의 대변인이 되어주세요. 아이는 집에서뿐만 아니라 언제 어디서든 신체 접촉을 원하거나 원치 않는다고 말할 권리가 있다는 사실을 인식해야 합니다. 하지만 당신이 아이 곁에 있어줄 수 없는 경우도 있겠지요. 한번은 제가 아이를 데려오려고 학교에 갔는데 아이가 왠지 속상해 보이더군요. 무슨 일인지 물어봤더니 상담사 선생님이 아이들과 놀아주면서 애들 몸을 빙빙 돌리더라는 거예요. 그래서 자기는 그러기 싫다고 말했는데도 선생님이 자기를 빙빙 돌렸다는 거죠.

저는 아이에게 이렇게 물어보았습니다. 엄마가 너 대신 가서 이야기해줬으면 하는지, 아니면 너랑 같이 가서 네가 직접 이야기하는 동안 곁에 있어주는 게 좋겠는지. 아이는 엄마가 이야기해달라고 하더군요. 아주 어릴 때부터 웬만하면 “내가 알아서 할게요”라고 말하는 성격인데 저렇게 말하는 걸 보니 기분이 많이 상한 모양이었어요. 저는 안에 들어가서 상담사 선생님과 담임 선생님에게 대화를 요청했어요. 두 분 모두 제 얘기를 듣고 사과하더군요. 그 뒤로 다시는 그런 일이 없었죠. 제 아이도 다음과 같은 사실을 배웠고요.

- 상황에 어떻게 대처할지는 내 선택에 달려 있구나.
- 엄마가 "저런, 상담사 선생님이 그냥 장난친 거겠지"라는 식으로 문제를 축소하지 않고 내가 설정한 신체 경계를 진지하게 받아들여 주는구나.
- 엄마는 내가 도움을 요청할 때 내 곁에 있어 주는구나.

이렇게 대화하세요

"확실하지 않으면 물어봐"라는 말은 언제쯤 처음 들었는지 기억나지 않을 정도의 당연한 상식이지만, 경계에 있어서는 분명히 이 말을 되새겨야 할 필요가 있습니다. 경계는 아주 어릴 때부터 존중되어야 하는 문제니까요. 아이와 신체 자율권에 관해 대화하는 방법을 제시해드릴게요. 다만 아이의 안전과 교육을 위해 여러분 자신도 아이의 경계를 침범하면 안 된다는 점을 잊지 마세요.

"왠지 기분이 안 좋아 보이는구나. 내가 안아줄까? 싫다고? 알겠어. 그럼 내가 어떻게 해주면 네 기분이 좀 나아질까?"

"오늘 집에 와서 널 안고 인사한 다음에야 너한테 미리 물어보지 않았다는 게 생각났어. 미안해. 혹시 내가 안는 게 싫거나 어떤 방식이든 나랑 맞닿는 게 싫을 때면 언제든 말해주렴. 바로 물러날 테니까."

"네가 누구랑 놀다가 그만하자고, 아니면 걔가 네 몸에 닿는 방식이 싫다고 말했는데도 상대가 물러서지 않는다면 바로 나한테 와서 말하렴. 혹시 내가 근처에 없다면 주변에서 믿을 수 있는 어른을 찾아 말씀드리고. 네가 혼날 일은 절대 없다고 약속할게."

핵심 요약

- 아이와 몸을 부대끼며 노는 건 무척 즐거운 일이죠. 다만 아이가 그렇게 놀면서도 안전하다고 확신할 수 있도록 어떤 신체 접촉을 편안해하는지 혹은 불편해하는지 미리 확인하세요.
- 아이의 "좋아요"나 "싫어요"라는 말에는 '지금은'이라는 단서가 달려 있기 마련이라는 걸 기억하세요. 하지만 "싫어요"라는 대답이 반복된다면 눈치껏 그 행동은 그만두어야 합니다.
- 아이가 계속 거부하는 행위(포옹이든 무엇이든 간에)를 권하지 마세요. 그러다 보면 아이가 압박감이나 죄책감을 느낄 수도 있습니다. 아이의 경계를 존중하여 한 발짝 물러나세요.
- 누군가 아이의 신체 경계를 침범했다면, 설사 당신이 보기엔 사소한 일이라 해도 진지하게 받아들이세요. 아이의 경계를 존중하지 않은 사람이 당신의 배우자나 파트너, 아이의 형제자매를 비롯한 다른 식구나 절친한 누군

가라고 해도 마찬가지입니다. **아이들은 세상과 관계를 맺으며 자신의 안전을 지키는 법을 배워가는 중이에요. 언제나 아이 스스로 안전하다고 느끼게 하는 것이 최우선이어야 합니다.**

10장

아이는 부모의 거울입니다

아이를 보며 이렇게 생각할 때가 있을 거예요. "세상에, 쟤가 꼭 나처럼 말하네!" 아이의 말을 듣다가 그 내용이나 말투가 당신이나 파트너를 꼭 빼닮았다고 느낄 때도 있을 테고, 특히 어른이나 할 법한 말이 아이의 입에서 나올 때면 재미있어할지도 몰라요. 아이는 함께 많은 시간을 보내는 양육자와 비슷한 말투를 씁니다. 꼭 부모가 아니더라도 자주 만나는 친척이나 어린이집 선생님과 같은 주위 어른의 말투를 닮아가기도 하지요.

아이는 당신과 함께한 첫 순간부터 계속 당신을 지켜보고 있답니다. 설사 당신의 말에 따르지 않더라도 당신이 뭐라고 말하는지, 어떻게 말하는지 듣고 있죠. 부모를 통해 세상살이를 배우는 만큼 흔히 당신이 하는 말을 따라

하기도 합니다. 어떤 말을 특정한 어조로 하는 걸 듣고서 자기도 그런 식으로 말해야 한다고 생각해버리기도 하죠. 당신이 특정한 몸가짐을 보인다면 아이도 똑같이 따라 할 거예요. 아이가 마치 어른처럼 엉덩이에 한 손을 올린 채 뭔가를 요구한다면 당신은 웃음을 터뜨리며 "재가 어디서 저런 걸 배웠을까?" 하고 궁금해하겠지만요. 정답을 미리 알려드릴게요. 언제 한번 엉덩이에 한 손을 올리고 거울을 들여다보세요!

이처럼 사소한 순간들에도 일관되고 꾸준한 본보기를 보일 책임이 따른답니다. 당신이 이런 식으로 행동하면서 아이는 저런 식으로 행동하기를 기대할 수는 없어요. 물론 예외도 있지요. 어른인 당신은 할 수 있지만 아이는 너무 어려서 할 수 없는 행위들도 있으니까요. 하지만 기본적으로 다른 사람을 존중하고 품위 있게 대하며 타인의 신체 경계를 지켜주는 태도는 일관적으로 꾸준하게 강조되어야 해요.

아이에게 보여줄 수 있는 행동이나 대화의 본보기는 어떤 것일까요? 몇 가지 예를 들어볼게요.

- 아이나 다른 사람의 신체에 접촉하기 전에 우선 동의를 구하세요.
- 누군가 동의를 구하지 않고 여러분의 몸을 건드린다면 “비켜주세요”나 “이러지 마세요”라고 말하세요. 원하지 않는 접촉은 거부하고 반가운 접촉에는 긍정적인 반응을 보이세요.
- 아이나 배우자/파트너가 당신이 동의 없이, 혹은 달갑지 않은 방식으로 자기 몸을 건드렸다고 말할 경우 바로 그들의 의사를 존중해주세요.

이렇게 해보세요

아이에게 바람직한 행동의 본보기가 될 수 있는 효과적인 방법을 알려드릴게요.

사람마다 경계는 각자 다르며 그것이 정상이라고 알려주세요. 예를 들어 당신이 결혼했거나 파트너가 있다면 서로 장난치고 애정을 표현하며 몸을 쓰다듬거나 옆구리를 꼬집기도 하겠지요. 아이가 그런 모습을 보면 이렇게 말할지도 몰라요. "나한테는 아무도 내 엉덩이를 건드리면 안 된다고 했잖아요. 근데 둘이 왜 그러는 거예요?" 누가 봐도 자명한 사실입니다. 사람마다 허용하는 신체 경계는 다를 수 있으며 편안하거나 불편한 지점도 각자 정해야 한다는 것이죠. 아이에게 이렇게 대답할 수 있을 것입니다. 배우자/파트너가 서로 몸을 만지는 것은 서로가 미리 괜찮다고 허락한 일종의 가벼운 장난이라고요. 두 사람이 그렇게 장난을 친다고 해서 아이가 다른 사람에게, 혹은 다른 사람이 아이에게 그런 장난을 쳐도 된다는 건 아니라고 강조하세요. 누구나 경계는 다르니까요.

언뜻 보기엔 성적이지 않지만 부적절한 행위를 아이에게 어떻게 인식시킬 수 있을까요? 아이의 나이에 따라서는 '성적'이라는 말의 의미 자체를 이해하지 못할 수도 있습니다. 그래서 아이에게 남이 만지면 안 되는 신체 부위를 구체적으로 지정해주어야 하는 것이죠. 어른은 신체 경계를 침범했다고 파악할 수 있는 행위를 아이 스스로는 구분할 수 없을 때도 많기 때문입니다. 가령, 아이는 "여길 만져주니까 기분이 좋아지네. 그럼 나쁜 접촉이 아닌 거겠지?"라고 생각할 수 있어요.

반복, 반복, 반복하세요. 부모가 저지르는 가장 큰 실수 중 하나는 아이에게 뭔가를 한번 말했다고 해서 아이가 기억할 거라고 착각하는 것입니다. (여러분이 중학생쯤 된 아이의 부모라면 이 문장을 읽고 "맞아요!" 하며 맞장구를 치겠지요.) 인기 있는 가요의 가사나 광고에 나온 멜로디는 외우면서 열쇠를 어디 놔뒀는지는 잊어버리는 이유가 뭘까요? 몇 번이고 반복해서 들었기 때문에 머릿속에 남아 있는 것입니다. 아이에게 신체 경계에 관해 확실히 가르치고 싶다면 일관성 있게 본보기가 되는 행동을 하고 가장 중요한 교훈은 귀에 못이 박히도록 되풀이해 들려주어야 합니다. 아이가 "어휴! 예전에도 했던 말이잖아요!"라고 대꾸하더라도 거기서 끝내면 안 됩니다! 아이에게 당신이 뭐라고 했는지 말해보라고 하세요. 당신이 한 말을 정확히 기억하고 있는지 확인할 수 있게요.

실제 사례를 활용하세요. 아이와 함께 영상을 볼 때 사람들이 서로 동의를 구하거나 동의를 구해야 하는데 하지 않은 사례를 지적하세요. 생방송을 볼 때는 광고 영상도 잊지 마세요. 광고야말로 교훈적인 장면들의 보물창고입니다. 이런 식으로 아이가 주변 세상의 더욱 영리한 소비자가 될 수 있게 하세요.

또는 아이에게 형제자매나 사촌이 있다면 그들 사이의 대화와 행동을, 혹은 아이와 친구 사이의 대화와 행동을 예시로 들 수도 있어요.

이렇게 대화하세요

아이에게 신체 경계존중의 본보기가 되도록 행동하기란

복잡할 수 있어요. 사람마다 원하거나 원치 않는다고 느끼는 신체 접촉은 각각 다르거든요. 설사 당신이 신체 경계 설정과 존중에 있어 귀감이 된다고 자부하더라도, 아이에겐 구체적으로 짚어가며 보여주는 것이 중요해요. 특히 아이가 아직 어리다면요.

아이에게 긍정적인 신체 경계 설정을 보여주기 위해 어떤 상황에서 어떤 식으로 질문을 던질 수 있는지 알려드릴게요. 이번에도 역시 아이가 직접 보거나 겪은 사례를 가지고 대화를 해야 쉽게 이해할 수 있다는 걸 잊지 마세요.

"내가 네 동생에게 안아도 되는지 물어봤더니 '싫어요' 라고 한 거 봤니? 그래서 내가 어떻게 했지?"

"할머니가 귀엽다면서 네 뺨을 꼬집어서 네가 그러지 말라고 했더니 할머니가 섭섭하다며 울상인 표정을 지었잖아. 그때 내가 할머니한테 뭐라고 말했지?"

"아까 엄마 친구가 집에 놀러왔을 때 현관에 들어서기도 전에 내가 뭐라고 물어봤는지 기억나니? 그 친구랑은 예전에도 포옹하며 인사한 사이인데도 다시 한번 포옹해도 될지 물어보았지. 그렇게 해야 친구가 혹시 오늘은 포옹할 기분이 아닌지, 아니면 포옹해도 괜찮은지 알 수 있으니까."

핵심 요약

- 아이는 항상 당신을 지켜보고 있다는 걸 명심하세요. "엄마가 어떻게 하든, 넌 시키는 대로 해!"라는 태도는 오히려 역효과를 일으킬 뿐이에요. 사춘기를 겪고 있거나 십 대인 청소년들에게는 더욱 그렇고요. 아이가 어떤 식으로 행동해주길 바란다면 당신도 똑같이 행동해야 합니다.
- 아이에게 당연한 것이 다른 사람에게는 당연하지 않을

수도 있다는 것을 분명히 알려주세요. 확실하지 않으면 일단 물어보라고 알려주세요.

- 반복하고, 반복하고, 또 반복하세요. 아이가 배운 것을 확실히 새기게 하려면 반복이 제일 중요해요.
- 아이에게 긍정적인 본보기가 되어주세요. 당신과 다른 사람들이 서로의 신체 경계를 설정하고 존중하기 위해 어떻게 행동하는지 삶을 통해 보여주세요.

11장

'믿을 수 있는 어른' 네트워크를 만드세요

아프리카 나이지리아의 이보족에게는 '아이 하나를 키우려면 온 마을이 필요하다'는 격언이 있습니다. 주변에 다양한 사람이 있을수록 아이의 삶은 풍요로워진답니다. 부모 입장에서도 육아를 자기만의 힘으로 할 수 있다거나 그래야 한다고 생각하면 큰 착각입니다. '어째서 부모가 아이더러 믿을 수 있는 어른을 찾으라고 해야 한다는 거지? 부모라면 아이가 매사를 자기와 의논하길 바라야 하는 거 아냐?'라고 생각할 수도 있지만, 실은 그렇지 않답니다.

《헤더는 엄마가 둘이에요(Heather Has Two Mommies)》라는 그림책이 있습니다. 레즈비언 커플이 키우는 여자아이 이야기예요. 저는 제 유년기에도 《엘리자베스는 엄마가 아홉이에요》라는 제목을 붙여야 한다고 농담처럼 말합니다. 제 어머니가 아홉 명의 친구들뿐만 아니라 그 배우자들과도 워낙 가깝게 지내셨기 때문입니다. 저로서는 부모님이 아닌 누군가의 조언이 간절할 때마다 마음 놓고 찾아갈 수 있는 사람들이었어요. 부모님 입장에서도 같은 가치관을 지닌 친구들인 만큼 안심하고 저를 그분들에게 보낼 수 있었죠. 그분들이 제게 무슨 조언을 하든 간에 제가 부모님에게 의논했다면 들었을 조언과 그리 다르지 않으리라는 걸 알았으니까요. 그분들은 제게 '믿을 수 있는 어른'이었던 것입니다. 아홉 명의 어머니 친구들과 그 배우자들은 지금까지도 제게 믿을 수 있는 어른이자 좋은 친구로 남아 있습니다.

아이는 믿을 수 있는 어른에게 생각을 터놓고 이야기할 수 있어야 합니다. 당신도 아이가 그럴 수 있게 곁에서 잘 거들어야 하고요. 믿을 수 있는 어른과의 관계는 아이가 세상을 살아가는 법을 배우는 하나의 중요한 과정입니다. 아이에게 의문이나 고민이 생겼을 때 찾아갈 수 있는 사람이 당신뿐이어서는 안 됩니다. 아이가 당신의 삶에 들어온 그 순간부터 부모로서 당신의 역할은 아이가 양육자의 곁을 잘 떠날 수 있도록 대비시켜주는 것입니다. 또한 당신과 아이의 친밀도는 아이가 당신에게 어떤 문제를 의논하는지 아닌지에 달려 있는 것이 아닙니다. 아이가 말하지 않는 문제가 있다고 해서 당신을 존중하지 않는 것도 아니고요.

또 하나 유념해야 할 사실은 아이가 성장하다 보면 자기 생각을 숨기려 드는 시기를 거치게 마련이라는 점입니다. 아이가 어느 정도 나이를 먹었다면 이미 그런 시기를 지났을지도 모르겠네요. 부모로서는 힘든 시기일 수밖에 없지요. 아이가 당신의 말에 사사건건 대들고 뭐든 자기가 더 잘 아는 것처럼 굴며 당신을 창피하게 여기기까지 하니까요. 보통 이런 현상은 사춘기의 일환이지만, 경우에 따라서는 더 빨리 시작하여 십 대를 넘겨서까지 이어질 수도 있습니다. 이런 시기가 오면 당신은 **누구라도 좋으니** 제발 아이에게 대화 상대가 있기를 바라게 되죠. 따라서 아이에게 이런 시기가 오기 전에 미리 적당한 대화 상대를 찾도록 권하는 것이 좋습니다. 그러면 믿을 수 있는 어른을 아이에게 직접 추천해줄 수도 있을 테니까요. 결국 대화 상대를 결정하는 건 아이의 몫이겠지만요.

이렇게 해보세요

아이가 믿을 수 있는 어른을 찾도록 어떻게 도울 수 있을까요? 추천할 만한 어른은 어떻게 결정할 수 있을까요? 이 두 가지 질문에 답할 때 몇 가지 고려해야 할 점을 알려드릴게요.

당신과 가치관이 일치하는 사람을 찾으세요. 당신 곁에는 친구와 친척을 비롯해 많은 사람들이 있겠지요. 그중에는 인성은 훌륭하지만 신체 경계나 동의에 관한 사고방식은 당신과 다른 이들도 있을 것입니다. 아이 주변에서 당신(가능한 경우 당신의 배우자/파트너와도)과 동일한 메시지를 전해줄 어른을 추천해준다면 아이가 좋은 대화 상대를 찾는 데 도움이 될 거예요. 부모로서 안심할 수 있을 것이고, 아이도 혼란스럽지 않을 수 있습니다.

아이에게 대화 상대로 추천해도 괜찮을지 당사자에게 먼저 물어보세요. 누군가의 신체 경계를 멋대로 추측해서는 안 되듯이, 누군가의 사교 및 감정 영역도 내 마음대로 판단해서는 안 됩니다. 당신이 믿을 수 있고 아이에게 본보기가 될 어른을 찾았다면 우선 그런 역할을 맡아줄 수 있을지 그 사람에게 직접 물어보세요. 또한 비밀 유지에 관한 당신의 입장을 그 사람뿐만 아니라 아이에게도 명확히 밝히세요. (이 부분은 이어지는 단락을 참조하세요.)

아이가 편하게 다가갈 수 있는 사람을 추천하세요. 당신 주변에는 다양한 사람들이 있을 거예요. 성격은 좋지만 말하는 만큼 행동에 옮기지 못하는 사람이나, 일이나 다른 문제로 너무 바빠서 좀처럼 남에게 여유롭게 신경 써주기 어려운 사람도 있겠죠. 그런 사람은 애초에 아이에게 추천하지 않는 게 좋겠지요. 용기를 내서 찾아간 아이를 실망시키거나, 안 그래도 힘든 사람에게 지나친 부담을 안겨줄 수도 있으니까요.

아이에게 비밀 유지 문제를 분명히 해두세요. 교육 전문가로서, 또한 한 아이의 엄마로서 이렇게 조언하고 싶습니다. 아이가 솔직하게 마음을 열려면 대화 상대인 어른이 아이에게 들은 말을 당신에게 전하지 않으리라는 믿음이 있어야 한다고요. 하지만 동시에 아이의 보호자인 부모에게 반드시 알아야 할 문제도 있을 거예요.

당신이 비밀 유지에 있어 어떤 결정을 내리든 아이에게 그 내용을 분명히 전달하세요. 예를 들어 이렇게 말할 수 있겠지요. "네가 [믿을 수 있는 어른의 이름]에게 얘기한 내용은 누구에게도 전해지지 않을 거야. 나에게조차 말이야. 단, 예외의 경우가 있어. 오직 누가 너를 다치게 했거나, 네가 자신이나 다른 사람을 해치려 하는 경우 말이야. 나는 널 아끼고 네가 건강하고 무사하길 바라니까."

이렇게 대화하세요

믿을 만한 어른을 찾는 문제를 아이와 의논할 때 가장 중요하고도 난감한 부분은 비밀 유지겠지요. 이 점에 있어 아이에게 어떤 메시지를 전달해야 할지 예시를 보여드릴게요.

"언제든 무슨 일이든 나한테 (가능한 경우 당신의 파트너에게도) 와서 의논해도 돼. 난 항상 네 곁에 있을 거야. 하지만 네가 부딪친 문제를 내가 아닌 다른 어른과 의논하고 싶을 때도 있을 거야. 그래도 괜찮아. 네가 잘 알고 믿는 다른 어른에게서 너한테 필요한 힘을 얻는다면 나도 대찬성이야. 혹시 믿을 만한 어른이 누가 있을지 잘 모르겠다면, 내 생각에는 [믿을 수 있는 어른의 이름] 한테 가서 얘기해보면 좋을 거 같아."

"네 고민을 [믿을 수 있는 어른의 이름]과 의논하기로 했다면, 너랑 그 사람과의 대화는 둘만의 비밀로 지켜 달라고 내가 당부해두었단다. 네 비밀을 지키지 못할 경우가 있다면 그건 오직 네가 의논한 문제가 너의 건강이나 안전과 직결되었을 때야. 그런 경우엔 부모인 나에게 꼭 알려야 하니까 말이야.

핵심 요약

- 이보족의 격언을 기억하세요. 아이 하나를 키우려면 온 마을이 필요합니다. 어떤 부모든 육아가 온전히 자기만의 책임이라고 느껴서는 안 됩니다. 하지만 아이를 함께 키울 마을에 포함되는 사람과 그렇지 않은 사람을 구분할 필요는 있을 거예요.
- 믿을 수 있는 어른이란 당신의 가치관과 사고방식을 공유하며 당신이 보기에 아이에게 좋은 본보기가 될 사람

이에요.

- 아이가 누구를 신뢰하고 의논 상대로 삼을지는 아이 스스로 결정할 문제입니다. 하지만 좋은 선택지라고 생각하는 주변 어른을 아이에게 추천해줄 수도 있겠죠.
- 아이에게 믿을 수 있는 어른을 추천하기 전에 당사자에게 그래도 괜찮을지 물어보세요. 아이와 당신이 추천한 어른 양쪽에 사생활과 비밀 유지에 관한 입장을 명확히 밝히세요.

12장

아이를 포식자로부터 보호합니다

부모는 아이에게 일어날 수 있는 나쁜 일을 좀처럼 생각하지 않으려 합니다. 그렇지 않다면 이 세상 누구도 차마 아이를 가질 수 없겠지요. 부모가 아이를 보호하려 하는 것은 지극히 당연한 일입니다. (아이가 다 자라 성인이 된다고 그런 마음이 사라지지는 않는답니다. 그 양상이 달라질 뿐이지요. 심지어 제 나이에도 부모님을 만나고 올 때마다 집에 무사히 도착하면 문자 해달라는 당부를 듣는걸요.) 우리는 마음속의 두려움과 걱정을 아이에게 최대한 숨기면서 아이가 스스로 몸을 지키는 데 필요한 요령과 지식을 전수해야 하죠.

아이가 어릴 때면 당신이 직접 아이를 보호하는 것이 매우 중요하지만, 결국 매분 매초 아이 곁에 있어줄 수 없고 그래서도 안 됩니다. 당신이 곁에 없을 때도 아이가 스스로를 지킬 수 있도록 필요한 요령을 가르쳐야 합니다. 나아가 아이가 다 자라서 당신과 같이 살지 않게 되었을 때도 자신을 보호할 수 있도록 해야 하죠.

이 책에 언급한 다른 여러 개념과 마찬가지로, 이 장에서 다루는 개념도 아이가 배우기 상당히 까다로운 내용입니다. 아이가 아직 어리다면 더욱 그렇죠. 당신은 아이가 어른을, 특히 친척이나 선생님과 같은 사람을 존경하면서도 한편으로 존경할 가치가 없는 어른을 알아볼 수 있기를 바라겠지요. 아이가 세상을 살아가는 법을 배울 때 필요한 부분에서는 어른의 말을 잘 따르고 존중하되, 아이의 몸을 부적절한 방식으로 만지거나 자기 몸을 부적절한 방식으로 노출하고 만지게 하는 어른의 말은 단호히 거부할 수 있기를 바랄 거예요. 또 아이가 정중하고 예의바르게 대화하고 관계 맺는 법을 배우되 상대에게 대놓고 저항하거나 무례하게 굴어야 할 때를 구분할 수 있었으면 할 테고요. 하지만 이런 가르침은 모순적으로 느껴지기 쉬운데, 어린 아이에게 모순은 너무 혼란스러운 것입니다.

이렇게 해보세요

그루밍 성폭력으로부터 아이를 보호해야 합니다. 그루밍(grooming)이란 아이를 성적으로 착취하려는 사람이 아이나 아이 가족의 신뢰를 얻기 위해 하는 행동입니다.

성폭력 가해자라고 반드시 처음부터 폭력적으로 행동하는 건 아닙니다. 오히려 처음에는 아이를 거짓으로 안심시키려고 각별히 잘해주곤 하죠. 친절한 어른인 척 행세해 양육자에게 안심을 주기도 합니다. 가해자는 예전부터 아이와 알고 지내던 사람인 경우가 많지만, 그루밍 성폭력은 인터넷을 통해서 일어나기도 합니다. 이런 특성 때문에 아이가 그리고 어른도 성폭력 피해를 고발했지만 아무도 믿어주지 않는 상황이 생기곤 합니다. 다들 저렇게 착하고 상냥하며 관대한 사람이 그런 끔찍한 일을 저질렀을 리 없다고 생각합니다. 하지만 그런 착한 모습은 전부 성폭력을 저지르기 위한 미끼일 뿐입니다.

이들은 어린 동물을 노리는 포식자처럼 행동합니다. 가해자가 아이를 착취하기 위해 사용하는 특정한 행동 방식이 있습니다. 아이가 스스로를 지킬 수 있게 하려면 이런 행동을 알아차릴 수 있도록 도와주어야 합니다. 이 장에서는 가해자의 행동을 알아볼 수 있는 몇 가지 지침을 알려드릴게요. 구체적인 착취 행위는 가해자마다 다르기 마련이지만, 흔히 쓰는 수법은 다음과 같습니다.

수줍음을 타거나 자존감이 낮은 아이를 골라냅니다. 포식자들은 이런 아이일수록 칭찬과 관심으로 조종하기 쉽다는 것을 압니다. 그렇다고 아이에게 외향적인 성격이 되라고 강요하라는 것은 아닙니다. 아이는 있는 그대로의 자신일 수 있어야 합니다. 하지만 혹시라도 아이가 평소보다 과묵해졌다고 느낀다면, 뭔가 당신의 주의가 필요한 일이 일어나고 있는 것은 아닌지 확인해보는 게 좋습니다.

아이에게 유난히 관심을 보입니다. 아이는 어른의 관심이 어디까지가 적당하고 어디서부터 선을 넘는 것인지 구분하기가 어렵습니다. 그러니 아이에게 "그 사람이 너한테 유난히 관심을 보이는 것 같니?"라고 직접 묻기보다는 평소에 아이가 무엇을 하며 시간을 보내는지 미리 파악해 두세요. 그리고 아이가 특정 인물이 재미있는 사람이라며 몇 번이나 열성적으로 언급하는 경우 경계심을 가지고 지켜보세요. 그 자체가 착취 행위를 암시하는 것은 아니지만 한 번쯤 유념해야 할 정보인 것은 사실입니다.

친절하고 상냥하게 다가옵니다. 그들은 친절을 가장해 아이에게 접근하여 심리적으로 아이를 지배하려 합니다. 부모가 해주지 않는 칭찬을 하거나, 아이와 공통의 관심사가 있는 것처럼 대화하며 오랜 기간에 걸쳐 아이의 장벽을 낮춥니다. 교묘한 수법으로 인해 아이는 위험한 상황인지 아닌지 알아차리기 쉽지 않지요.*

지나치게 자주 선물을 주기도 합니다. 가끔 선물을 주거나 어쩌다 아이스크림을 사주는 정도야 괜찮습니다. 하지만 특정 어른이 유난히 자주 선물을 준다거나 너무 많은

* 감수자주

관심을 보인다면 문제가 달라질 수 있습니다. 판단하기 어려운 상황이긴 하지요. 아이의 친척 어른, 특히 할아버지, 할머니는 아이의 귀여운 응석을 받아주는 것이 자신의 마땅한 역할이라고 여기니까요. 혹시 주변에 지나친 관심이나 선물을 퍼붓는 어른이 있다면 그 사람과 아이의 경계에 관하여 아이와 솔직한 대화를 나눠보는 것이 좋습니다.

아이에게 뭔가를 둘만의 '비밀'이나 '특별한 일'로 간직하자고 요구합니다. 포식자들은 대체로 자신이 아이에게 저지른 일이 '나쁜' 것이라고 말하지 않습니다. 십중팔구는 그 반대입니다. 그들은 아이에게 두 사람의 관계가 매우 특별하다고 말합니다. 만약 그 관계를 다른 사람에게 알린다면 그 특별함이 사라질 거라고요.

아이는 성폭력과 친밀감의 구분을 어려워합니다. 그러니 이렇게 말해두는 것이 혼란을 주지 않습니다. 혹시 누군가가 뭔가를 둘만의 비밀로 하자고 말한다면 **무조건** 당신에게 와서 얘기하라고 하세요. 설사 그것이 좋은 비밀이라고 느껴지더라도요.

아이나 그 가족을 위협합니다. 한 가지 더 알아두어야 할 점이 있습니다. 포식자들은 흔히 아이의 심리를 조종해 '저 사람이 한 짓을 알리더라도 다들 내 말을 안 믿어줄 거야'라고 생각하게 만듭니다. 아이를 대놓고 위협하기도 합니다. 심지어 아이의 부모인 당신이나 다른 식구를 위협할 수도 있습니다. 아이에게 몇 번이고 말해주세요. "그 사람이 뭐라고 했든 나한테 와서 얘기해야 해"라고요. 그자가 위협하는 대상이 아이든, 당신이든, 아니면 다른 식구든 간에 어떻게 대응해야 할지 당신이 잘 알고 있다고요.

이렇게 대화하세요

"어떻게 해야 아이에게 겁을 주지 않고 이 문제를 얘기할 수 있을까요?" 결론부터 말하자면, 아이가 어느 정도 겁을 먹는 것은 어쩔 수 없습니다. 또한 반드시 나쁜 일이 아닙니다. 물론 아이가 겁에 질려 모든 어른과 세상을 불신하게 될 정도로 호들갑을 떨어서는 안 되겠지요. 하지만 아이가 다소 불안과 염려를 보인다는 건 당신이 한 말을 잘 이해했고 이 문제를 진지하게 받아들인다는 의미이기도 합니다.

어떤 어른의 행동이 요주의 상황을 넘어 착취 영역에 들어섰는지 확인하기 위해 아이에게 단계적으로 물어볼 수 있는 중요한 질문들을 알려드릴게요. 우선 간접적인 질문으로 문제 어른과 아이의 전반적 관계를 파악합니다. 그러다 수상한 낌새가 느껴지면 더 직접적인 질문을 합니다.

"그 사람이 너한테 방과 후에 남아서 청소를 도와달라는 일이 꽤 자주 있네. 혹시 다른 아이들한테도 그런 부탁을 하니?"

"네 친구 중에 그 사람과 단둘이 있을 때 불편했다고 말하는 아이는 없었니? 만약 그런 친구가 있다면 넌 뭐라고 말해줄 거니?"

"그래, 맞아. 누가 너에게 관심을 보여주면 정말 기쁘고 뿌듯하지. 그 사람이 또 어떤 관심을 보였니? 혹시 무릎에 앉거나 한 적은 없니?"

"혹시 그 사람이 네 음부/음경/성기처럼 만지면 안 되는 신체 부위를 건드린 적이 있니? 너한테 자기 음부/음경/성기나 다른 사람의 몸을 보여주려거나 만지라고 한 적이 있었니? 너한테 다른 사람의 음부/음경/성기 사진이나 동영상을 보여주려고 하진 않았니?"

"너도 알겠지만, 만약에 그 사람이나 다른 누구라도 너를 불편하게 느껴지는 방식으로 건드린다면 바로 나한테 와서 말해줘야 해. 너한테 화내지 않을 거야. 네가 곤란해지는 일도 없을 거고. 하지만 이런 일이 있을 때 나에게 알리는 것은 무척 중요하단다."

핵심 요약

- 통계상 성폭력범은 열에 여덟, 아홉은 아이와 일면식이 없는 사람이 아니라 가까운 친구나 친척 혹은 지인입니다. 아이가 누군가를 지목하며 그 사람 때문에 불편하다고 말하면 **아이의 말을 믿어주세요.** 설사 아이가 지목한 사람이 당신과 아주 가까운 사이라고 해도요.
- 아이를 착취하는 어른을 '포식자'라고 칭하는 것은 그들이 주로 내성적이고 자존감이 낮아 더 쉽게 조종할 수 있다고 여기는 취약한 아이를 노리기 때문입니다. 하지만 어떤 아이든 포식자의 착취 대상이 될 수 있다는 것도 명심하세요.
- 아이가 학교 사람, 동네 이웃, 친구네 가족, 돌봄 선생님 등 다른 사람들과 어울리고 난 뒤에는 반드시 아이와 대화를 나누세요. 아이에게 모든 사람이 잠재적 포식자라고 암시하라는 것이 아닙니다. 부모로서 아이의 일상생활을 파악해두기 위해서입니다. 아이의 일상에 관심을 가지고 이야기를 나누세요. 그래야 뭔가 수상한 낌새가

있을 때 곧바로 알아차릴 수 있습니다.

- "오늘 하루는 어땠니?"라거나 "생일 파티는 재미있었니?" 같은 질문으로는 부족합니다. 그렇게 묻는다면 아이는 기껏해야 "괜찮았어요" 정도로만 대답할 테고 아무것도 알아내지 못할 테니까요. 아이에게 주관식으로 질문하는 요령을 '자주 듣는 질문과 답변'에 제시해두었습니다. 이런 경우 좀 더 직접적으로 물어보는 것이 좋습니다. "생일 파티엔 누구누구 왔니?" "어른은 누가 있었니?" "무슨 놀이를 했어?" "오, 재미있었겠다. 난 모르는 놀이인데 어떻게 하는 놀이야?"
- 몇 번이고 거듭해서 아이에게 얘기해주세요. 혹시 아이가 누군가에게 불편하게 느껴지는 말을 들었거나 접촉을 당했다고 이야기하더라도 당신은 **절대로** 화내지 않을 거라고요.
- 당신에게 아이가 얼마나 소중한 존재인지 말해주세요. 그 누구든 간에 조금이라도 불편하거나 불안한 느낌이 들면 반드시 당신에게 와서 말해야 한다고요.

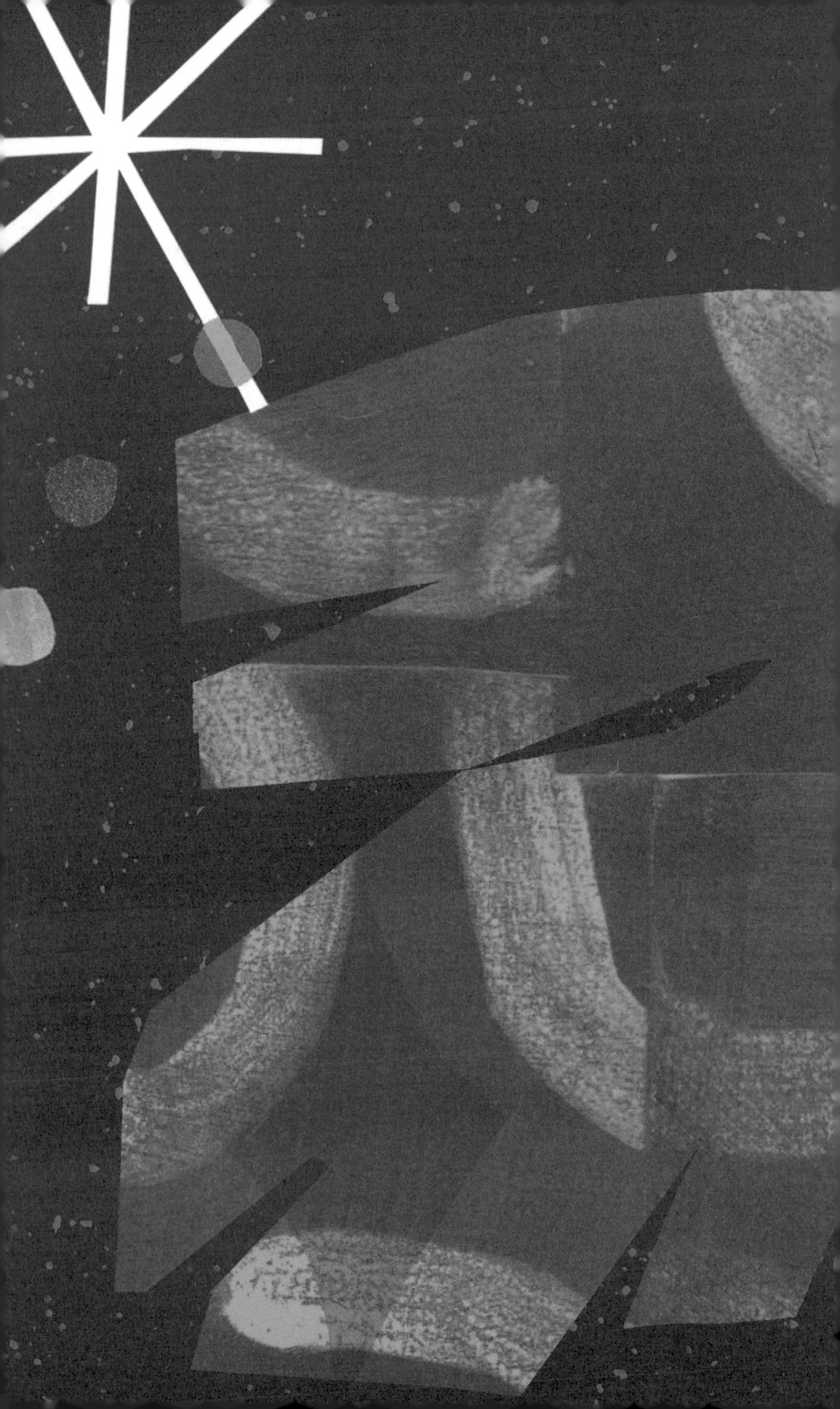

자주 듣는 질문과 답변

교육자로 살아오면서 부모님들에게 많은 질문을 받았습니다. 저 역시 부모로서 이런저런 의문을 갖기도 했고요! 여기에서는 부모들에게 자주 받았던 질문들을 추려서 소개했습니다. 질문마다 각각 답을 달아두었지만, 쭉 읽다 보면 일관된 주제를 발견하실 수 있을 거예요. 바로 모든 종류의 경계에 관해 아이와 한 번 이상 대화를 나누는 게 중요하다는 점이죠.

Q　제 아이는 포옹을 좋아하지 않아요. 그런데 아이의 친구는 포옹을 좋아해서 만날 때마다 아이를 껴안으려고 해요. 어떡하면 좋죠?

→　아이에게 원치 않는 포옹에 어떻게 대응했는지 물어보세요. 아이가 아무 말도 안 했다고 대답한다면 거부해도 괜찮다고 격려해주세요. 그럴 때 뭐라고 말하면 좋을지 물어보고, 필요하다면 조언도 해주세요. 아이에게 당신이 친구 역할을 맡을 테니 함께 연습해보자고 제안하세요. 아이에게 자기 효능감을 느껴볼 기회를 만들어주세요. 자기 효능감이란 어떤 일을 스스로 처리할 수 있다는 자신감을 말합니다. 아이들이 꼭 익혀야 할 감각입니다. 아이들은 뭔가를 직접 처리함으로써 자기 효능감을 터득합니다. 하지만 몇 번이나 경계를 설정하려고 했는데도 친구가 여전히 아이의 경계를 존중하지 않는다면, 당신이 친구의 부모와 얘기해보는 방법도 있습니다.

Q 아이에게 허락을 받지 않고서는 아이 몸에 손을 대면 안 된다는 게 납득되지 않아요. 저는 제 아이를 사랑하는 만큼 매일매일 꽉 끌어안고 뽀뽀해주고 싶은데요.

→ 이 책에 쓴 내용은 제 경력상 최선의 상담 사례일 뿐만 아니라 다른 전문가들의 의견과 연구 결과를 반영한 것입니다. 하지만 아이들은 로봇이 아닌 만큼, 당신과 아이의 관계도 제각각 다를 수 있지요.
아이가 포옹을 좋아하고 자연스럽게 안겨 뽀뽀받는 걸 즐긴다고 확신할 수 있다면, 결국 당신과 아이가 알아서 결정할 문제입니다. 하지만 자라면서 상황이 바뀔 수도 있겠지요. 그러니 가끔씩은 아이에게 껴안고 뽀뽀해도 괜찮을지 물어보는 게 좋습니다. 괜찮다거나 혹은 그러기 싫다고 느끼는 장소나 상황이 있을 수 있으니 그것도 물어보세요. 예를 들어 언젠가부터 등교할 때나 차로 데려다줄 때 포옹하고 뽀뽀하며 인사하지 않게 될 수도 있거든요. 자연스러운 성장 단계인 만큼, 아이에게 거리감을 느끼더라도 섭섭한 마음을 드러내지 않는 것이 중요합니다.

Q 제 아이는 친구들과 몸을 많이 부대끼며 놀아요. 운동장에서 씨름도 하고 서로 들어 올려 수영장에 집어 던지기도 하죠. 그래도 괜찮을까요?

→ 몸을 부대끼며 노는 걸 즐기는 아이도 있고 그렇지 않은 아이도 있지요. 그렇지 않은 아이는 싫다고 말하고 싶어도 싫은 티를 내면 친구들과 함께 놀지 못할까 봐 꾹 참기도 해요. 또래 집단의 압력은 나이를 떠나 모든 아이들이 극복해야 할 고민거리랍니다. (사실 많은 어른들에게도 그렇죠!) 친구들이 주변에 없을 때 정말로 그렇게 노는 것이 즐거운지 아이에게 물어보세요. 그리고 다른 친구들은 어떻게 생각하는지도 물어보세요. 친구들이 정말로 그렇게 노는 걸 즐기는지 당신의 아이가 알고 있나요? 안다면 어떻게 아는 걸까요? 아이에게 놀이를 시작하기 전에 친구들과 함께 규칙을 정하고 규칙을 따르지 않는 사람은 어떻게 할지 의논해보라고 권하세요.

Q　제 아들과 친구들은 서로의 팔다리뿐만 아니라 성기에도 주먹을 날려요! 그러면서도 매번 푸하하 웃어넘겨요. 심지어 본인이 맞았을 때도요. 제가 개입해서 한마디 해줘야 할까요?

→　아이들은 흔히 태어나면서 정해진 성별에 따라 행동해야 한다는 이야기를 듣습니다. 본인이 인식하는 성정체성이 어떻든 간에 말이죠. 남자로 태어난 아이들은 실제 느끼는 감정을 숨기는 방식으로 우정과 친밀감을 표현하기도 해요. 다정하고 온화한 신체 표현보다는 전형적인 남성성을 강화하는 신체 표현을 더 바람직하게 여기기도 합니다. 남자아이들은 아파도 울지 말라, 불평하지 말라는 식으로 길들여지죠. 이유는 모르겠지만 서로의 성기를 때리는 것도 그런 '남자다운 행동'의 일부로 여겨집니다. 아이와 주먹질에 관해 솔직히 대화해보세요. 어느 부위든 간에 남을 때리는 건 좋지 않은 일이라고요. 음경과 고환이 얼마나 취약한 기관인지도 이야기해주세요. 고환을 잘못 맞으면 심각한 부상을 입을 수도 있습니다.

Q 저희 가족은 서로의 알몸에 매우 관대한 편입니다. 그런데 제가 알몸으로 있을 때면 아이가 유독 저를 빤히 쳐다보는 것 같아요. 그렇다면 몸을 가리는 편이 나을까요?

→ 그럴 수도 있고 아닐 수도 있어요. 아이가 여러분과 비슷한 몸을 갖고 있다면 어른이 되었을 때 자기 몸이 어떻게 보일지 궁금해서일 수도 있겠죠. 아이가 여러분과 다른 몸을 갖고 있다 해도 그냥 호기심 때문일 수 있어요. 저라면 아이에게 이렇게 물어보겠어요. “내가 알몸으로 있을 때 빤히 쳐다보더구나. 혹시 나한테 궁금한 점이라도 있니?” 아이가 궁금한 게 없다고 한다면 이렇게 물어보세요. “혹시 샤워하고 잠시 알몸으로 돌아다니는 게 불편하니? 그렇다면 내가 타월이나 샤워가운을 두를게.” 하지만 아이가 불편하지 않다고 대답하거나 다른 질문을 하지 않았는데도 계속 빤히 쳐다본다면, 역시 몸을 가리는 편이 좋겠지요.

Q 제 아이들은 남의 몸을 건드리기 전에는 먼저 물어봐야 한다고 배웠어요. 그중 네 살짜리 아이가 최근에 제 파트너한테 성기를 만져도 되냐고 물어서 그 사람이 "안 돼"라고 대답했거든요. 그랬더니 아이가 당황해하며 "먼저 물어봤잖아요. 근데 왜 안 돼요?"라고 되묻더군요. 이럴 땐 뭐라고 대답해야 할까요?

→ 네 살이라, 정말 좋은 시절이네요! 아이들은 참 호기심도 많고 질문도 많은 존재죠. 하지만 네 살밖에 안 됐다고 두루뭉술하게 넘어가면 안 돼요. 오히려 어린아이니까 단순하고 딱 부러지게 대답해줘야 합니다. (단호하게 말하는 것과 무섭게 말하는 것은 다르다는 걸 명심하세요!) 이런 경우 적당한 대답은 다음과 같겠죠. "먼저 물어본 건 잘한 일이야. 하지만 먼저 물어봤어도 상대에게는 좋다거나 싫다고 대답할 권리가 있어. 게다가 다른 사람의 성기는 물어보는 걸 떠나서 건드리면 안 되는 부위란다. 다른 사람도 네 성기를 건드리면 안 되고." 이렇게 말해준다면 질문에 답하면서 신체 경계의 중요한 부분을 짚어줄 수 있겠죠.

Q 다섯 살 아이와 모유 수유 중인 아기를 키우고 있어요. 아기에게 젖을 먹일 때마다 첫째가 아기를 밀쳐내고 젖꼭지를 물려고 해요. 정상적인 행동인가요?

→ 갓난아기에게 손위 형제자매가 질투심을 느끼는 건 지극히 정상적인 일입니다. 부모의 관심을 받고 싶어서 일시적으로 실제보다 어린 척하는 퇴행 현상이 나타날 수도 있고요. 갓난아기가 무엇을 요구하든 자기한테도 달라고 조를지도 몰라요. 딱히 갖고 싶은 것도 아니면서 말이죠. 아이에게 넌 이제 젖꼭지를 빨면 안 된다고, 충분히 컸으니 보통 음식을 먹어야 한다고 차분하지만 단호하게 설명해주세요. 불편하지 않다면 아기가 젖을 빠는 모습을 아이에게 보여주면서 질투심이 무뎌지게 하세요. (그런 모습을 보이기 불편하다면 그냥 모유 수유에 관해 자세히 설명해줄 수도 있고요.) 아이에게 우린 널 정말로 사랑한다고, 게다가 동생이 생긴다는 건 정말 놀라운 일이라고 이야기해주세요.

Q 네 살 난 제 아이는 제가 침실 문을 닫아놓아도 박차고 들어온답니다. 성관계를 하는 도중에 들어온 것도 한두 번이 아니에요. 그런 광경은 절대 보여주고 싶지 않은데 말이예요. 어릴 때 정신적 충격을 받을지도 모르잖아요! 사생활 개념을 이해하기엔 네 살은 너무 어린 나이일까요?

→ 천만에요! 성교육에 너무 이른 시기란 없습니다. 실제로 그런 상황에서 아이와 잘 대화하는 것이 중요해요. 남의 방에 들어오려면 우선 문을 두드린 다음 들어와도 된다는 대답을 들어야 한다고 얘기하세요. 아이와 번갈아가며 들어와도 좋다고 허락하거나 들어가도 될지 물어보는 역할을 맡아 연습해보세요. 아이가 이미 아는 '가라사대*' 놀이와 비슷하다고 설명하세요. 상대에게 허락을 받지 않으면 아무것도 할 수 없는 놀이라면 무엇이든 예로 들 수 있어요.

* 한 사람이 지시하는 동작을 다른 모두가 따라 하는 놀이 - 옮긴이

Q　제 어머니는 찾아오실 때마다 손주들에게 껴안고 뽀뽀해달라고 하세요. 애들이 싫다고 하면 속상해하면서 조카들과 비교하기도 하시죠. "너희 사촌들은 항상 할머니한테 뽀뽀를 해주는데 말이다. 걔들이 너희보다 더 할미를 더 사랑하나보다"라고 하세요. 어머니한테 그러지 말라고 어떻게 말씀드리죠?

→　어머니가 그렇게 말씀하는 즉시 아이들이 없는 곳으로 모셔가서 그만하라고 단호하게 말씀드리세요. 어머니 말씀이 진담일 수도 있고 농담일 수도 있겠지만, 어쨌든 어머니는 당신의 육아 방침을 존중해야 합니다. 어머니 자신의 육아 방침을 다른 사람들이 존중하듯이 말이에요. 어머니가 아이들에게 거절당하고 정말로 속상해한다면 어머니 문제가 아니라고 말씀드리세요. 아이들에게 포옹이나 뽀뽀가 내키지 않을 때는 상대가 누구든 거절하라고 가르쳤기 때문이라고, 다른 사람들뿐만 아니라 심지어 부모인 당신도 때로는 거절당하지만 전혀 서운하지 않다고 말이에요.

Q 아이 친구가 놀러왔는데, 점심 먹으라고 말해주러 아이 방에 갔더니 둘이서 팬티를 내리고 서로의 성기를 들여다보고 있더라고요. 당황한 나머지 그냥 방에서 걸어 나와 "점심 먹어!"라고 소리쳤답니다. 제가 어떻게 대응했어야 할까요?

→ 이런 상황에서 권하고 싶은 원칙이 있어요. 문이 있는 방에서 친구랑 같이 놀 때면 반드시 문을 열어두라는 것입니다. 너무 조용하다 싶으면 가서 확인해보세요. 아이들이 서로의 몸에 호기심을 갖는 건 당연한 일이지만, 그래도 여러분은 신체 경계에 관해 알려줄 의무가 있어요. 어느 쪽이든 팬티를 내리고 있거나 '병원 놀이' 같은 걸 하고 있다면 옷을 도로 입으라고 차분하게 타이르세요. 호기심을 느끼는 건 당연한 일이지만 그렇다고 해서 남한테 성기를 보여주거나 남의 성기를 들여다봐서는 안 된다고요. 아이들이 점심을 먹는 동안 친구 부모님에게 문자나 전화로 방금 일어난 일과 여러분이 취한 조치를 알리세요. 큰 일은 아니지만 아이들에게 가르침을 줄 계기가 될 거예요.

Q　　저는 신체 경계에 관해 아이와 대화하는 게 중요하다고 생각하는데, 파트너는 제가 별것도 아닌 일로 유난을 떤다고 생각해요. 어떻게 해야 하죠?

→　　사람마다 자라면서 신체 경계에 관해 배우는 내용이 다릅니다. 당신과 파트너가 성장기에 배운 것이 서로 다르다면, 아이가 없는 자리에서 서로 동의하는 부분과 동의하지 않는 부분에 관해 먼저 대화해보는 게 중요합니다. 그래야 공동의 입장을 가지고 육아에 임할 수 있을 테니까요. 서로 다른 말을 해서 아이에게 일관성과 신뢰성을 떨어뜨리지 않는 게 무엇보다 중요해요. 당신이 염려하는 바를 파트너가 과소평가해서는 안 되듯이 당신도 파트너에 대해서 그렇게 해야 합니다. 파트너와 찬찬히 이야기를 해본 다음, 아이가 알아야 한다고 서로 동의한 내용을 아이에게 전하도록 하세요.

Q 여섯 살 난 제 아이는 손이 비어 있을 때마다 음경을 만지작거려요. 책을 읽든 동영상을 보든, 심지어 낮잠을 자다 깨어나도 그래요. 이 정도면 비정상이 아닐까요?

→ 음경을 지닌 아이는 그 부위에 열중하게 마련입니다. (사실 어른이 되어서도 크게 다르지는 않아요) 만지면 기분이 좋아질 뿐만 아니라 여러 모로 흥미로운 기관이니까요. 아무 때나 제멋대로 발딱 일어서잖아요! 게다가 음경 아래에 달린 고환 또한 놀랍도록 잘 늘어나고 유연한 부위지요. 일단 다른 사람 앞에서 음경을 만져서는 안 된다는 것, 그리고 음경을 만진 다음에는 반드시 손을 씻어야 한다는 것, 이 두 가지 원칙을 분명히 해두세요. 음경이 재미난 기관이긴 하지만 그만큼 주의를 기울여야 한다고도 말해주세요. 혹시라도 음경을 만지다가 아프다고 느낀다면 몸에서 좀 더 조심하라고 신호를 보내는 거라고요. 이건 음부를 비롯해 다른 형태의 성기를 지닌 아이에게도 해당하는 얘기입니다.

Q 아이와 신체 경계에 관해 대화하려고 해도 아이가 도무지 귀를 기울이지 않아요. 어떻게 해야 아이의 주의를 끌 수 있을까요?

→ 몇 가지 추측이 가능할 것 같네요. 하나는 당신이 아이와 대화를 하는 게 아니라 아이에게 일방적으로 정보를 전달하고 있었을 수 있어요. 아이가 반드시 알아야 할 중요한 얘기를 해주려는 거겠지만, 말이 너무 길어지면 아이는 당연히 관심을 잃는답니다. 한 번에 하나의 정보만을 전달하세요. 그리고 비슷한 사례를 아는지 아이에게 물어보세요. 방금 말한 정보에 관해 어떻게 생각하는지 물어봐도 좋고요. 그런 다음 숨을 돌렸다가 잠시 후 다시 얘기를 꺼내세요. 아이가 관심이 없는 게 아니라 신체 경계에 관한 대화 자체를 불편해하는 것 같다면, 혹시 아이의 경계를 침범한 사람이 있는지 물어보고 제대로 대화를 나눠보는 게 좋겠지요.

Q　　제 아이가 동물 봉제 인형을 가지고 성행위 동작을 연출하면서 놀더라고요. 아이가 이런 행동을 하는 건 부적절한 성적 접촉의 결과라고 들었거든요. 뭔가 조치를 취해야 할까요?

→　　아이가 성폭력을 겪은 뒤 장난감을 가지고 자신이 당한 행위를 재현하는 경우도 있지만, 그냥 어디서 보거나 들은 행위를 재현했을 가능성도 있습니다. (앞의 질문에 부모가 성관계를 하는 도중에 박차고 들어오는 아이들도 있다고 언급했죠.) 인터넷을 통해 아동이 보면 안 될 콘텐츠에 노출되었을 가능성도 있고요. 추측이야 얼마든지 가능하지만 역시 아이에게 직접 물어보는 것이 최선입니다. 하지만 아이가 본 것이 성행위라고 단정 짓는 식으로 질문해서는 안 돼요. 예를 들어 "곰돌이랑 판다가 신기한 놀이를 하고 있네. 둘이서 뭘 하는 걸까?"라고만 물어봐도 아이는 솔직하게 대답합니다. 자기가 뭘 봤다든지, 직접 경험했다든지, 혹은 그저 장난이었다고 말이에요.

Q　누군가 제 아이에게 부적절한 성적 접촉을 했다고 암시하는 징후는 어떤 것들이 있을까요?

→　아이에게 문제가 생겼음을 감지할 수 있는 다양한 징후가 있습니다. 하지만 이런 징후가 무조건 성폭력을 암시하는 것은 아니라는 점 또한 명심해야 합니다. 그러니 아이에게서 이런 징후를 보았다고 해서 성급한 결론을 내려서는 안 됩니다.

다만 눈여겨봐야 할 징후 중 하나는 아이의 갑작스러운 성격 변화입니다. 평소 무척 밝고 활기찼던 아이가 최근 갑자기 고집을 부리거나 침울해졌나요? 예전과 달리 혼자 있고 싶어 하나요? 원래 여러분을 껴안거나 무릎 위에 앉는 등의 신체 접촉을 좋아했던 아이가 요즘 들어 그러지 않으려고 하나요? 이런 변화는 사춘기에 일어나게 마련인 자연스러운 성격 변화와는 뚜렷이 구분됩니다.

Q 친구네 집에서 작은 모임이 있었어요. 다섯 살짜리 제 아이가 친구한테 가서 웃으며 "아줌마 가슴이 엄청 커요"라고 말하더니 양손으로 친구의 가슴을 건드리지 뭐예요. 친구는 그냥 웃어넘겼지만 당황한 기색이 역력하더군요. 친구와 제 아이한테 뭐라고 이야기하면 좋을까요?

→ 제가 무척 자주 듣는 질문이네요. 많은 아이들이 유방을 좋아하지요. 당연한 일 아닐까요? 아이에게 유방은 먹을 것과 위안을 연상시키니까요. 유방이 없는 양육자가 키운 아이에게는 신기해 보이기도 할 테고요. 아이에게 무슨 일이 있었는지 얘기해보라고 말하되 절대로 화를 내진 마세요. 그냥 이렇게만 물어보세요. "네가 아무개 아주머니한테 가서 가슴이 크다고 말하며 만지는 걸 봤단다. 왜 그랬는지 말해줄 수 있니?" 아이가 뭐라고 대답하든 이 두 가지를 잘 설명해주세요. 첫째로 다른 사람의 가슴이나 성기나 엉덩이를 건드리면 안 되고, 둘째로 만약 상대와 접촉하고 싶다면 우선 허락을 받아야 한다고요. 그런 다음 친구 분에게 사과하고 아이를 잘 타일렀다고 전해주세요.

Q　제 아이한테는 누군가 부적절한 성적 접촉을 해오면 어떻게 대응해야 하는지 잘 이야기해놨거든요. 실제로 그런 일이 생긴다면 어떻게 대응해야 할까요?

→　일단 마음을 가라앉히세요. 우리 몸은 투쟁 도피 반응*을 일으킬 가능성이 큽니다. 심장 박동이 마구 빨라지고 호흡도 거칠어질 거예요. 심호흡을 한번 하고, 아이가 당신의 행동을 보고 따라 하기 마련임을 명심하세요. 아이에게 솔직히 얘기해준 네가 정말 자랑스럽다고, 네 말을 믿는다고, 넌 아무것도 잘못하지 않았다고 말해주세요. 혹시 안아주었으면 좋겠는지 물어보고 아이가 싫다면 그러지 마세요. 이런 일이 또다시 일어나는 것을 막기 위해 몇 가지 질문에 대답해달라고 요청하세요. 처음에는 주관식 질문으로 시작하세요. '응'이나 '아니'가 아니라 구체적인 정보로 대답하도록, 예를 들면 "무슨 일이 있었는지 이야

*　스트레스를 받거나 긴급한 상황에서 자율신경계 교감 신경이 활성화되어 나타나는 생화학 반응 – 옮긴이

기해볼래?"라는 식으로요. 참을성 있는 자세를 보여주세요. 아이에게 잘하고 있다고 격려해주세요. 필요한 정보를 알아내는 대로 즉시 조치를 취하되 아이가 없는 자리에서 그렇게 하세요. 상황(부적절한 성적 접촉을 한 가해자가 아이인지 혹은 어른인지)에 따라서는 그 아이의 부모나 나아가 경찰에게 연락해야 할 수도 있습니다.

Q 그러고 나서는요?

→ 아이가 실제로 그루밍 성폭력이나 강간을 당했다면 없었던 일로 묻어버릴 수 없습니다. 설사 가해자가 당신의 가족이라고 해도 마찬가지입니다. 침묵은 수치를 낳는 법이고, 그런 상황에서 수치스러워해야 할 사람은 오직 아이에게 부적절한 성적 접촉을 가한 가해자뿐입니다. 경찰에 신고해야 할 상황이라면 아이 곁을 지키며 상황을 잘 설명해주세요. **아이가 뭘 잘못해서가 아니라** 가해자가 다시는 너나 다른 아이를 건드리지 못하게 하려고 경찰을 부

른 것임을 확실하게 알려주세요. 그러고 나서는 아동 상담과 아동 성폭력 피해를 전문으로 하는 심리 상담사를 만나 보는 것도 좋습니다. 가해자가 가족의 일원이었다면 당신을 포함한 다른 가족들도 각자 성폭력 상담사나 심리 상담사를 만나 상담을 하는 게 좋습니다. 힘겨운 상황이겠지만 사랑과 의지로 마음을 모으면 결국은 함께 이겨낼 수 있습니다.

도움을 받을 수 있는 한국의 기관으로 〈해바라기 센터(mogef.go.kr/sp/hrp/sp_hrp_f011.do)〉나 〈한국성폭력상담소(sisters.or.kr)〉가 있습니다.*

* 감수자주

더 읽어보기

해외 도서

1 3세~5세 아동을 위한 책

《Can I Give You a Squish?》, Emily Neilson, Dial Books, 2020.

2 5세 이상의 아동을 위한 책

《A Kids Book About Sexual Abuse》, Evelyn Yang, A Kids Book About, Inc., 2020.

3 8세~14세 여자아이를 위한 책

《The Girls' Guide to Sex Education: Over 100 Honest Answers to Urgent Questions about Puberty, Relationships, and Growing Up》, Michelle Hope M.A., Rockridge Press, 2018.

국내 도서*

1 5세~7세 아동을 위한 책

《동의》, 레이첼 브라이언, 아울북, 2020.

《말해도 괜찮아》, 제시, 문학동네, 2007.

《이럴 땐 싫다고 말해요》, 마리 프랑스 보트, 문학동네, 2010.

《좋아서 껴안았는데, 왜?》, 이현혜, 천개의바람, 2015.

2 8세 이상의 아동을 위한 책

《동의가 서툰 너에게》, 유미 스타인스·멜리사 캉, 다산어린이, 2021.

《아기가 어떻게 만들어지는지에 대한 놀랍고도 진실한 이야기》, 피오나 커토스커스, 고래가숨쉬는도서관, 2018.

《아홉 살 성교육 사전》, 손경이, 다산에듀, 2020.

《이상한 곳에 털이 났어요》, 배빗 콜, 삼성당아이(여명미디어), 2008.

3 8세~14세 여자아이를 위한 책

《소녀들을 위한 내 몸 안내서》, 소냐 르네 테일러, 휴머니스트, 2019.

* 국내 도서는 감수기관 〈초등젠더교육연구회 아웃박스〉에서 추천을 받아 실었습니다.

《생리를 시작한 너에게》, 유미 스타인스·멜리사 캉, 다산어린이, 2021.

4 8세~14세 남자아이를 위한 책

《소년들을 위한 내 몸 안내서》, 스콧 토드넘, 휴머니스트, 2020.

해외 참고 자료

1 부모를 위한 놀라운(amaze) 이야기

amaze.org/parents

성폭력 예방을 비롯해 광범위한 성 관련 문제에 관해 아이와 대화하는 방법을 제시합니다. 어린이와 사춘기 및 십 대 청소년을 위해 제작한 동영상이 있습니다.

2 성을 긍정하는 가족

sexpositivefamilies.com

당당하고 관용적이면서 즐거움을 긍정하는 접근 방식으로 가정에서 성적으로 건강한 아이를 길러낼 수 있는 교육법과 자료를 소개합니다.

3 성과 장애

teachingsexualhealth.ca/parents/information-by-age/differing-abilities

장애 아동의 부모를 위한 성교육 정보를 제공합니다.

4 아이와의 대화

talkwithyourkids.org

비영리기구 Essential Access Health에서 제작한 웹사이트. 다양한 연령대의 아이와 동의에 관해 대화하는 방법을 폭넓게 제시하고 있습니다.

5 아이와 동의에 관해 대화하기

familyequality.org/resources/talking-with-our-children-about-consent

가족 내 평등을 다룬 웹사이트로, 동의란 무엇인지 아이와 대화하는 방법을 제시하고 있습니다.

6 〈아동 성폭력과 방관: 위험 요인과 보호 요인〉, 미국 질병통제예방센터, 2021.

cdc.gov/violenceprevention/childabuseandneglect/riskprotectivefactors.html

7 〈아이에게 신체 부위 명칭 제대로 가르치기〉, 페리 클래스, 2016.

nytimes.com/2016/10/31/well/family/teaching-children-the-real-names-for-body-parts.html

감사의 말

책 한 권을 끝낼 때마다 항상 고마운 마음뿐입니다. 단순히 끝이 나서 고마운 것이 아니에요. 이처럼 중요한 주제로 책을 쓸 기회를 주신 캘리스토 미디어에 진심으로 감사드립니다. 언제나 적확한 피드백과 긍정적인 자세로 감동시키는 걸출한 담당 편집자 모 모저크에게도 깊이 감사합니다.

무엇보다도, 소중한 경험을 공유하여 제가 더 좋은 부모이자 교육자가 될 수 있게 돕고 응원해주신 부모와 양육자 여러분에게 감사드립니다. 그중에서도 놀라운 두 아이를 키워냈으며 제가 그 교육 방식을 본받아 여러 사람과 나눌 수 있게 해주신 랜디 터너 박사에게 특별한 감사를 전합니다.

너의 몸은 너의 것이야

: 경계존중으로 시작하는 우리 아이 성교육 부모 가이드

1판 1쇄 인쇄 2023년 2월 19일
1판 1쇄 발행 2023년 3월 10일

지은이 엘리자베스 슈뢰더
옮긴이 신소희
발행처 수오서재
발행인 황은희, 장건태
책임편집 최민화
편집 마선영, 박세연
마케팅 황혜란, 안혜인
디자인 피포엘
제작 제이오
주소 경기도 파주시 돌곶이길 170-2 (10883)
등록 2018년 10월 4일(제406-2018-000114호)
전화 031) 955-9790
팩스 031) 946-9796
전자우편 info@suobooks.com
홈페이지 www.suobooks.com
ISBN 979-11-90382-97-7 13590 책값은 뒤표지에 있습니다.